信息科技核心素养教育系列教程

学编程1

西游故事小创客

李雁翎◎丛书主编

王伟　韩冬◎编

王默　孙翌飞　牟堂娟◎绘

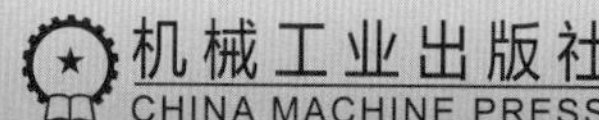
机械工业出版社
CHINA MACHINE PRESS

随着智能时代的来临，编程能力日渐成为智能时代的基础技能。青少年信息科技教育不是要培养未来的程序员，而是让孩子们熟悉编程原理和思维，勇于在新时代成为科技的创造者，利用技术赋能的思想来阐释自我及看待世界。本书选取《西游记》中的10个有趣的片段作为故事情境，基于图形化编程平台，通过“拖曳编程积木”创意故事情节，创造属于自己的数字世界。通过趣味性的故事线索、逐步进阶的编程逻辑、沉浸式的互动编程体验，让孩子可以体会观察—抽象—编程—反思这一逻辑思维的形成过程，从而掌握基础的编程概念和方法，拓展信息科技知识，培养严谨认真的态度，锻炼计算思维，提升创新意识与解决问题的能力。

本书适合初学编程的青少年阅读，还可作为基础教育“信息科技”课程的参考用书。

图书在版编目（CIP）数据

学编程．1，西游故事小创客 / 王伟，韩冬编；王默，孙翌飞，牟堂娟绘．—北京：机械工业出版社，2024.6

信息科技核心素养教育系列教程 / 李雁翎主编

ISBN 978-7-111-75453-4

Ⅰ. ①学…　Ⅱ. ①王…　②韩…　③王…　④孙…　⑤牟…　Ⅲ. ①程序设计－少儿读物　Ⅳ. ① TP311.1-49

中国国家版本馆CIP数据核字（2024）第061531号

机械工业出版社（北京市百万庄大街22号　邮政编码100037）
策划编辑：韩　飞　　责任编辑：韩　飞
责任校对：龚思文　陈　越　　封面设计：马若濛
责任印制：张　博
北京利丰雅高长城印刷有限公司印刷
2024年10月第1版第1次印刷
170mm×240mm·21.25印张·137千字
标准书号：ISBN 978-7-111-75453-4
定价：89.00元

电话服务		网络服务
客服电话：	010-88361066	机　工　官　网：www.cmpbook.com
	010-88379833	机　工　官　博：weibo.com/cmp1952
	010-68326294	金　　书　　网：www.golden-book.com
封底无防伪标均为盗版		机工教育服务网：www.cmpedu.com

丛书序

随着信息技术的快速发展和广泛应用，信息科技已经渗透到我们生活的方方面面，成为我国社会与经济发展的重要支柱，青少年信息科技教育因此也成为当今基础教育关注的一个重要方面，日益引起重视。

教育部印发的《义务教育信息科技课程标准（2022 年版）》为青少年信息科技教育确立了总目标：树立正确价值观，形成信息意识；初步具备解决问题的能力，发展计算思维；提高数字化合作与探究的能力，发扬创新精神；遵守信息社会法律法规，践行信息社会责任。

本套“信息科技核心素养教育系列教程”是由多所师范类高校教师根据他们有关“信息科技核心素养教育”的研究成果，以及他们长期从事信息基础教学的经验编写而成的。教材确立了“树立正确的价值观、建立科学的世界观、坚持以培养学生信息素养为核心的主线”的“二观一线”理念。通过编程教学，不仅可以帮助青少年学生掌握一些基本的编程知识，更可以帮助他们理解数字世界，形成信息意识，强化逻辑思维能力，提升数字化探究的能力，聚焦数据与科技问题求解要点，培养“家国情怀”与信息社会责任意识。

丛书以编写程序为引导，通过落实信息科技基础教育目标和知识点框架形成教学体例。

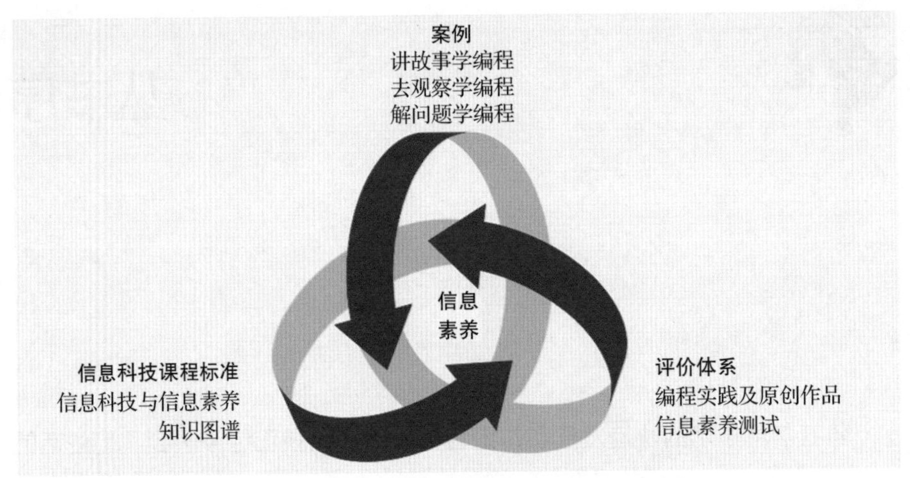

丛书分为“讲故事学编程”“去观察学编程”“解问题学编程”三类主题，共计 6 册。每册各设计 10 个案例，对应讲解和渗透了《义务教育信息科技课程标准（2022 年版）》的主要内容。

其中，“讲故事学编程”部分为：

- 学编程 1：西游故事小创客（对应课标第一学段）
- 学编程 2：木兰故事小创客（对应课标第二学段）

丛书前两册以中国传统文化为编程背景，将《西游记》《木兰辞》拆分成小的故事情节，运用到动画程序的设计中，引导初学编程的小学生用色彩和动画的表达方式讲自己熟悉的故事，表达自己的感受，让色彩丰富的自绘图片变成自己可控制的动画，这就是对“客观世界”进行“数据抽象”感知的开始。将中国传统文化的经典故事和编程结合在一起，充分调动学生的视觉设计思维，促进提升他们的信息表达和设计创造能力。

“去观察学编程”部分为：

- 学编程 3：动植物发现小创客（对应课标第三学段）
- 学编程 4：科技发明小创客（对应课标第三学段）

观察可以帮助人们了解和理解客观世界，提高思维能力。创造也源于观察。通过观察，青少年能获得更多的信息和知识，培养自己的判断力和分析能力。观察还可以帮助青少年发现问题、解决问题和做出明智的决策，是他们认识自己和世界的重要工具。

我们在设计《学编程 3：动植物发现小创客》《学编程 4：科技发明小创客》两册的案例时，一方面向学生传递“动植物”的生长及变化规律，另一方面介绍了“科技发明”的创造原理，让学生带着思考去观察、去发现，培养学生的分类、类比、抽象、构造等信息意识，这不仅有助于培养他们的认知能力，而且有益于开拓思维和提高想象力。

“解问题学编程”部分为：

- 学编程 5：身边的人工智能（对应课标第四学段）
- 学编程 6：信息科技应用（对应课标第四学段）

信息科技领域不断变革创新，需要人们具备创造力和解决问题的能力，信息科技教育的目标则是培养青少年的创新思维和解决问题的能力。

《学编程 5：身边的人工智能》《学编程 6：信息科技应用》两册包括信息搜索、信息评估、信息利用等多个方面的技能培养，让学生能够更好地获取和利用信息，帮助他们在学习和生活中做出明智的决策。通过问题求解，学生既能学习计算思维、编程和创客等相关技能，也能锻炼创造力与对整体系统构建和处理的能力，从而能够培养他们的创新思维和解决问题的能力。

通过三类主题，本套教材以“编程过程”为切入点，融汇了计算思维和信息素养的教育目标，从传统文化到现代科技，乃至信息技术应用，视野和境界不断提升，从而起到了提升信息科技核心素养的作用。

本套教材是信息科技课程教学的一个不同视角的教学实践，欢迎广大读者批评指正。

李雁翎

前　言

随着人工智能的发展，编程将成为未来科技的基础技能。从小开始学习编程的孩子，在现实情境理解、问题发现与分析、计算机建模与算法设计、创新性与创造力等方面都更可能体现出极强的竞争力。青少年编程是在素质教育大背景下，为孩子认知未来社会送上的最好的礼物之一。

“信息科技核心素养教育系列教程”正是在这种背景下诞生的。该丛书由中国科学院陈国良院士倡导，著名计算机教育家谭浩强指导，东北师范大学李雁翎教授主编，东北师范大学、北京师范大学、西安交通大学、中央民族大学多名教师合力编写而成，用于培养青少年计算思维和编程技能。

本书是信息科技核心素养教育系列教程的第一册，以“讲故事学编程”为主旨，选取《西游记》中的 10 个有趣的片段作为故事情境，基于图形化编程平台，通过“拖曳编程积木”创意故事情节。考虑到故事的趣味性、程序的游戏性和内容的渐进性，通过编程再现了七十二变、大闹天宫、魔力金箍、三打白骨精、义激美猴王、智斗金银角、大战红孩儿、真假美猴王、拯救火焰山和奏乐庆功 10 个故事，每个故事对应一个程序，解锁不同的编程技能，同时渗透信息科技核心素养。

第 1 章：七十二变。主要讲述孙悟空潜心学艺数十年后回到花果山，给其他猴子们展示七十二般变化的故事。我们将在程序中一起欣赏孙悟空的造型变化，体会学习过程中需要的循序渐进、勤学苦练。我们还将揭秘身边的数字设备。

第 2 章：大闹天宫。主要选取孙悟空看守蟠桃园后，偷吃蟠桃并破坏蟠桃大会的故事情节。我们将在程序中模拟孙悟空摘吃蟠桃的效果，感受“有所为有所不为”的道理。我们还将探索数字设备与计算机的“输入”与“输出”。

第 3 章：魔力金箍。主要选取孙悟空拜唐僧为师后，戴上金箍受制于紧箍咒的故事情节。我们将创作孙悟空戴上金箍后头疼得直打转、左右摇晃、四处乱窜的模样，反思生活中的自律与他律。我们还将接触到“身边的算法”，了解顺序结构。

第 4 章：三打白骨精。主要选取白骨精变作女子、老妇、老公公，但是均被孙悟空识破并打败的故事情节。我们将演绎白骨精三次变化均被孙悟空打出原形的故事，警示我们需要明辨是非。我们还会感受到分支结构解决问题的价值。

第 5 章：义激美猴王。主要选取师傅把孙悟空赶走后遇险，猪八戒采用“激将法”请回孙悟空的故事情节。我们将模拟孙悟空与猪八戒的对话过程，体会生活中需要灵活处理解决问题。我们将悉数数字作品类型，并重视数字作品管理。

第 6 章：智斗金银角。主要讲述孙悟空与金角大王、银角大王斗智斗勇，解救师傅的故事情节。我们将创作孙悟空被吸入银角大王宝葫芦里的情景，感受遇事不慌、从容应对的品质。我们还将共同提高安全防范意识，体验安全网络环境。

第 7 章：大战红孩儿。主要选取唐僧被掳进火云洞后，孙悟空与红孩儿交战的故事情节。我们将实现红孩儿不断喷火、孙悟空冒火前行的动画，体会孙悟空的坚强意志与执着精神。我们将探索在线学习与生活中的文本沟通及符号表情。

第 8 章：真假美猴王。主要讲述六耳猕猴假扮孙悟空，众人无法辨别哪一个是真的美猴王的故事。我们将出创作两个模样相同的美猴王，并且让真假美猴王始终做同样的动作，感悟“真的假不了，假的真不了”的道理。我们还将仔细辨析生活中的真伪信息。

第 9 章：拯救火焰山。主要讲述孙悟空如何智勇双全地向铁扇公主借芭蕉扇，免除附近村民之苦的故事。我们将利用芭蕉扇的扇动次数来改变火焰山的景象，体验绿水青山的美好。我们也将探索抽象的过程，感受计算机或机器人自动化解决问题的效率。

第 10 章：奏乐庆功。主要讲述师徒四人取得真经后，乐师奏乐为其庆祝，孙悟空也拿着笛子一展技艺的故事。我们将创造一个孙悟空按照不同快慢速度演奏乐曲的场景，体会“功夫不负有心人”的道理。我们还将体会到生活中的分解和模块化思想。

通过趣味性的故事线索、逐步进阶的编程逻辑、沉浸式的互动编程体验，孩子们能够在理解故事情节、抽象故事逻辑、编程实现故事、反思创作过程的反复迭代学习中，一方面通过拖曳一连串的积木组合，快速地制作出有趣的动画故事，另一方面发挥自己的创意，创造属于自己的数字世界。

由衷感谢李雁翎教授远见卓识预见青少年编程教育的重要性，策划并组织本丛书的编写。感谢插画师孙翌飞、王默和牟堂娟老师，他们的创作为本书提供了点睛之笔，让原本静止的画面变得灵动，吸引孩子们来编程创作。还要特别感谢机械工业出版社编辑老师们的辛勤付出，正是他们详尽细致的审阅批注以及诸多宝贵的修改建议保证了本书的质量，与大家共事和学习是我们的荣幸。

特别感谢东北师范大学研究团队，尤其是刘昺瑶、李若琪、肖金爽，在文字撰写、配图、程序调试、反复校对等精致迭代过程中承担了大量工作，每位作者至少完成了独立一章的内容。每位成员对青少年编程教育的热爱、对撰写本书意义的认同、对反复多轮工作的支持与包容，共同确保了本书的最终成稿。

本书针对编程新手进行基础入门启蒙，适用于中小学编程教材或辅助学习用书，同时适用于亲子共同领略编程学习之旅。借助图形化编程平台，以堆积木的编程方式来为小朋友们打开编程之门，将枯燥的编程学习融入趣味生动的故事中，寓教于乐。在有趣的动画制作中，孩子可以体会观察一抽象一编程一反思这一逻辑思维的形成过程，掌握基础的编程概念和方法，提升数字素养，培养严谨认真的态度，锻炼计算思维，提升创新意识与问题解决能力。

本书收集多个版本的《西游记》故事及解读，结合积木编程的特点将原有故事进行了改编或限定，笔者和编辑尽力保证本书内容和代码的准确性，但仍有可能会出现疏漏。如果你在阅读过程中发现了问题，请及时反馈给我们，这将极大地帮助我们提升本书的质量。

书中涉及资源获取方式：

目 录

第 1 章

七十二变

学而时习之，不亦说乎？

——《论语·学而篇》

1.1 讲故事

东胜神洲有一傲来国，傲来国有一花果山，花果山的山顶上有一块仙石。仙石自开天辟地以来，每日吸收天地灵气。有一天，石头迸裂，化作一个石猴。他聪明、勇敢、灵巧，就像一个山野间的小精灵。因为敢于钻进水帘洞探险，他被众小猴推举为“大王”。当上大王后，他心系家园，想学点本事保护其他猴子免受伤害，于是决定漂洋过海，访师学艺。

终于，在历经重重困难之后，他找到了神通广大、法力无边的菩提祖师。菩提祖师看他聪慧机敏、勤劳踏实，便收他为徒，并赐名孙悟空。祖师悉心教导并且传授给他七十二般变化的法术和驾筋斗云的本领。孙悟空潜心学艺数十年，每日勤学苦练终有所成。他回到花果山后，受到了众猴的崇拜与拥戴。

猴子们争问孙悟空都学到了什么本领，得知孙悟空会七十二变，便央求他展示一下。他们来到水帘洞外的草地上，只见孙悟空气定神闲地站在那，喊了一声“变”，他就变成了一棵桃树，又喊一声“变”，便从桃树变成了一个小孩……孙悟空腾云驾雾，接连展示了许多本领。众猴欢呼，连连称赞，从心底佩服大王！

1.2 看程序

扫描二维码，按以下方法操作，可以看到本案例的呈现效果。

1）点击 ▶运行 按钮，启动程序。

2）点击“孙悟空”角色，首先呈现“孙悟空”造型，如图 1-1 所示。

图 1-1　孙悟空造型

3）稍等一会儿，孙悟空变成了一棵桃树，如图 1-2 所示。

图 1-2　桃树造型

4）再等一会儿，又从一棵桃树变成了一个小孩，如图 1-3 所示。

图 1-3　小孩造型

1.3 学设计

这个程序有 1 个角色——孙悟空，这个角色包括孙悟空、桃树、小孩 3 个造型。

这个程序包括“孙悟空造型变化”1 个功能模块。

当孙悟空角色被点击后，执行这些动作：

1）换成“孙悟空”造型。

2）间隔一定时间后，切换到下一个造型，也就是“桃树”。

3）间隔一定时间后，切换到下一个造型，也就是“小孩”。

1.4 编写程序

若想实现“孙悟空造型变化”功能模块的功能，具体方法如下。

1.4.1 动动手：布置舞台

准备好本章所需资源“案例 1- 七十二变”，并将“案例 1- 七十二变”压缩包解压缩。

1）进入到图形化编程环境（使用说明参见附录 A），选择菜单“文件”→“从电脑导入”命令，如图 1-4 所示。

图 1-4　选择“从电脑导入”命令

2）在弹出的“打开”对话框中，找到编程资源“案例 1- 七十二变”文件夹的位置，选择“七十二变基础案

例 .ppg”，点击“打开”按钮，如图 1-5 所示。

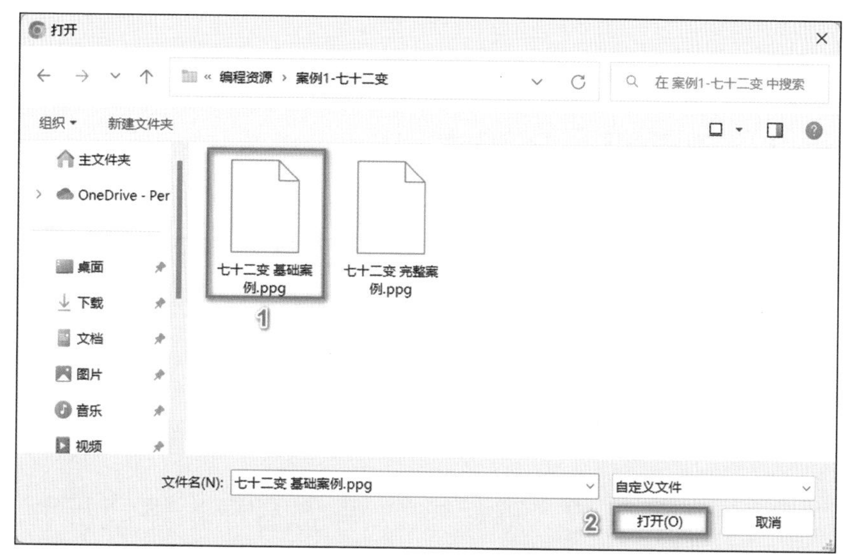

图 1-5 选择“七十二变基础案例”打开

上述操作完成后，布置的舞台效果，如图 1-6 所示。

图 1-6 舞台效果图

还可以新建项目，导入自己喜欢的角色，布置自己喜欢的背景，具体操作见附录 B。

1.4.2 动动手：搭积木

按如下流程操作，完成“七十二变”的积木搭建。

1. 通知孙悟空在被“点击”后做动作

点击积木区中的“编程”按钮，切换到编程选项卡。点击角色背景区的“孙悟空”角色图标，将鼠标移至“事件”类积木中，找到积木 当角色被点击 并拖曳到编程区。当程序开始运行后，这块积木可以让孙悟空在被鼠标点击后做出动作，如图 1-7 所示。

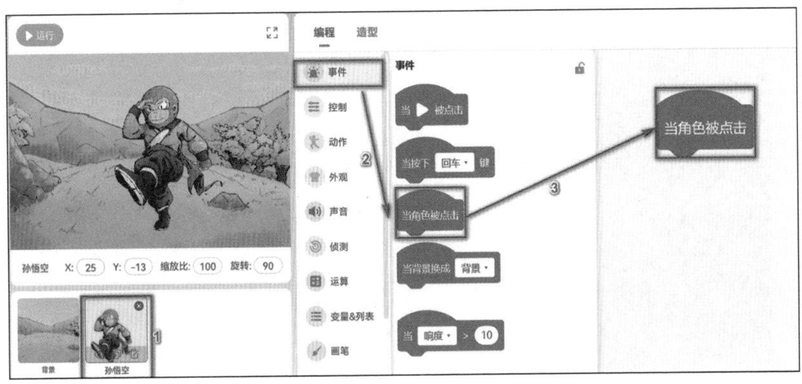

图 1-7 拼接“当角色被点击”事件积木

2. 呈现“孙悟空”造型

1）在“外观”类积木中找到积木 换成 小孩 造型 并拖曳到编程区的 当角色被点击 这一积木块下，拼接起来，如图 1-8 所示。

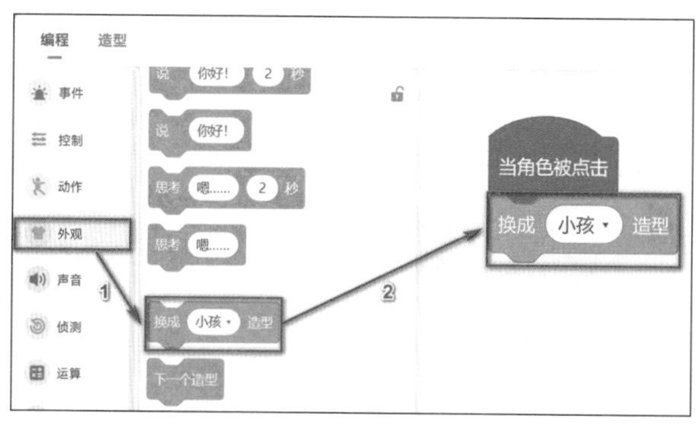

图 1-8　拼接“造型切换”积木

2）将鼠标移动到 换成 小孩 造型 中的白色椭圆，点击后会出现孙悟空角色的所有造型，选择“孙悟空”，如图 1-9 所示。

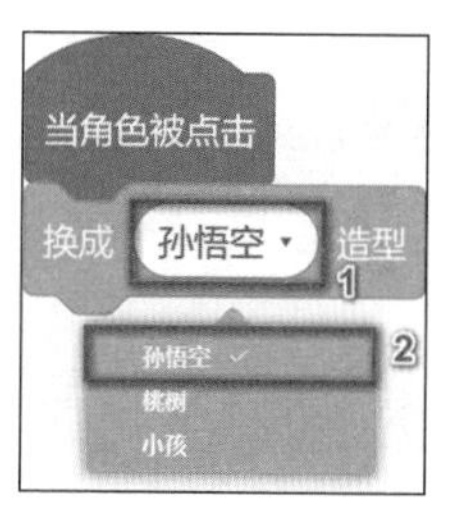

图 1-9　更换造型名称

整段积木效果如图 1-10 所示。

图 1-10 “角色被点击后切换造型”整段积木效果

3. 间隔一段时间后，孙悟空变成“桃树”造型

1）在“控制”类积木中找到 等待 1 秒 并拖曳到编程区，拼接在 换成 孙悟空 造型 的下方，根据需要修改等待的时间，如 2 秒，如图 1-11 所示。

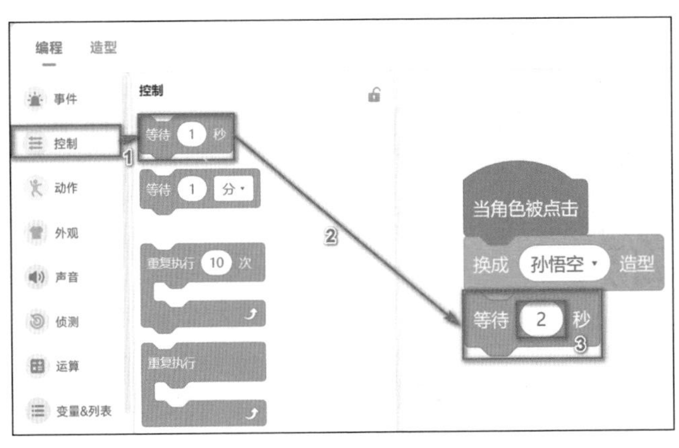

图 1-11 拼接“等待”积木

2）在“外观”类积木中找到 下一个造型 并拖曳到编程区，拼接在 等待 2 秒 的下方，如图 1-12 所示。

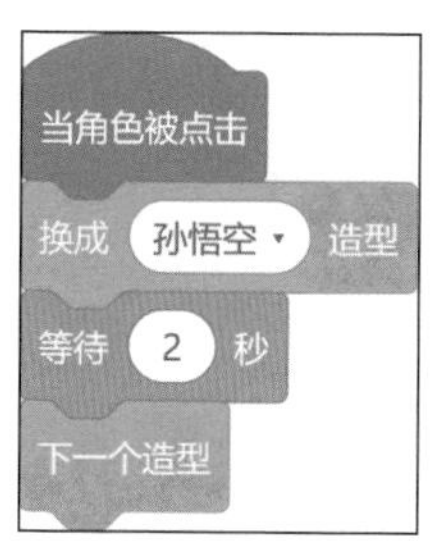

图 1-12　拼接“下一个造型”积木

4. 间隔一段时间后，孙悟空变成“小孩”造型

操作步骤同上，在“控制”类积木中找到 等待 1 秒 并拖曳到编程区，拼接在 下一个造型 的下方，根据需要修改等待的时间。在“外观”类积木中找到 下一个造型 并拖曳到编程区，拼接在 等待 2 秒 的下方。

整段积木效果如图 1-13 所示。

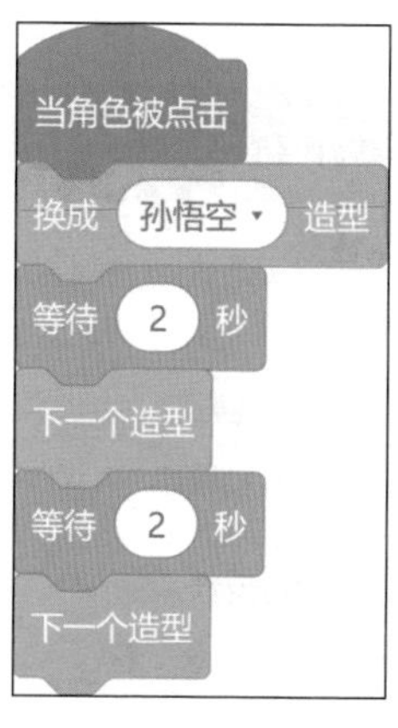

图 1-13　“孙悟空造型变化”整段积木效果

当完成了所有的编程创作，点击左上角的 ▶运行 按钮，故事动画效果出现。这时可查看是否和演示程序一致。

1.4.3 动动手：保存作品

既可以将所创造的作品保存到电脑本地，也可以将作品在线保存到图形化编程环境中。本部分介绍第一种方法，第二种方法见附录 B。

选择菜单“文件”→“导出到电脑”命令，刚刚完成的作品就下载到电脑中了。可以将这个新作品保存到一个专属文件夹中，如图 1-14 所示。

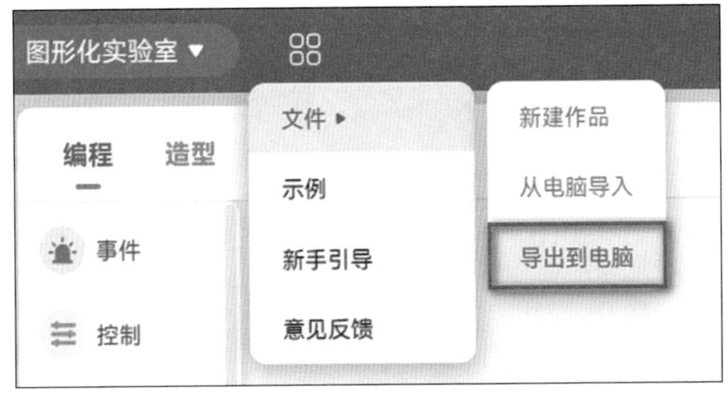

图 1-14　导出到电脑

1.5 理一理：编程思路

七十二变的编程思路如图 1-15 所示。

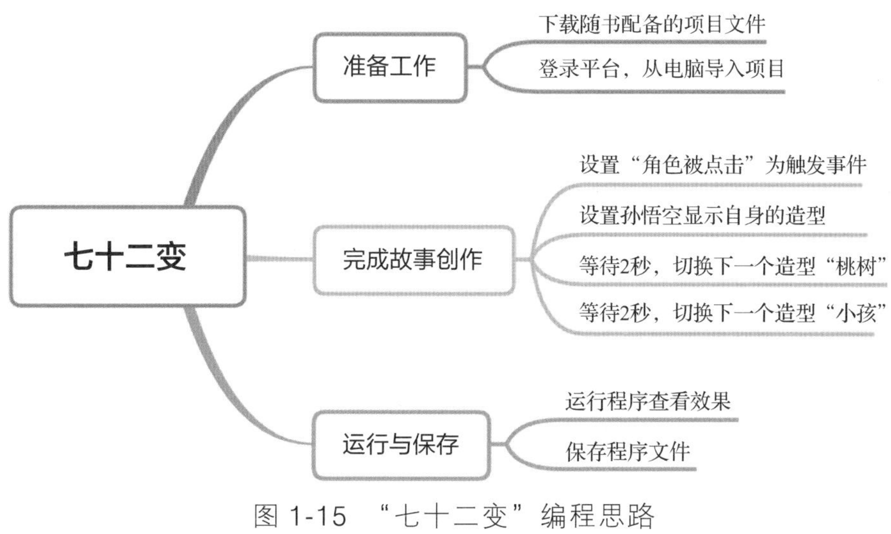

图 1-15 “七十二变”编程思路

1.6 学做小小程序员

“七十二变”的作品创作有助于图形化编程基本知识与技能、以及编程能力的提升，如表 1-1 所示。

表 1-1 “七十二变”作品创作中的主要编程知识及能力等级对应

知识点	知识块	CCF 编程能力等级认证
舞台	图形化编程平台	GESP 一级
角色	图形化编程平台	GESP 一级
编程语言	计算机基础知识	GESP 一级
程序	计算机基础知识	GESP 一级
当角色被点击	事件触发	GESP 一级
造型切换	角色的操作	GESP 一级

1. 舞台

舞台是角色产生动作、发生故事的场所。舞台背景是将舞台布置为特定场景的图片。

创作“七十二变”作品时，将舞台布置为水帘洞，增加了故事的沉浸感。

2. 角色

角色是舞台上所呈现的内容，它既可以是人物、动物，也可以是其他东西，比如道具和装饰物。

创作“七十二变”作品时，孙悟空就是角色，他将在水帘洞舞台上演绎不同的造型变换。

3. 编程语言

编程语言可以简单地理解为一种计算机和人交流的语言。通过编程语言，人们可以准确地定义计算机完成任务时所需的数据和环境，指示计算机执行所要完成的行动命令。创作“七十二变”作品时，所使用的编程语言是一种图形化编程语言。

图形化编程离不开积木指令，积木指令是图形化编程定义好的指令集合，可以为角色赋予动作，用来帮助实现想要的效果。通过积木指令来命令角色执行不同的动作。根据具体的功能，积木也可以分为不同类别，比如“事件”类、“外观”类、“控制”类等。

当角色被点击 是“事件”类积木，与 换成 小孩 造型 等待 1 秒 下一个造型 等积木组合，实现了孙悟空被点击后实现造型变换的效果。

4. 程序

程序是一组能够被计算机理解并执行的指令序列。

创作“七十二变”作品时，布置舞台背景、添加角色和舞台后，通过拼接积木指令就构成了程序。

5. 当角色被点击

“当角色被点击”属于“事件”类积木，若将角色的触发事件设置为“当角色被点击”，当我们用鼠标左键单击这个角色时，“当角色被点击”这块积木下的指令将被触发执行。“当角色被点击”可以使程序的交互更加多元，实现更多的效果。

6. 造型切换

造型是角色的不同外观。角色可以有一个造型，也可以有多个造型。

可以手动设定运行时的初始造型。单击积木区中的“造型”按钮，切换到角色造型选项卡来设定程序开始运行时的造型。

在程序运行中还可以利用积木实现修改造型。创作“七十二变”作品时，孙悟空通过 换成 小孩 造型 ，选择“孙悟空”，实现了指定造型的切换。并且通过两个 

积木，将角色变换为桃树和小孩造型。

1.7 走近信息科技

内容创作是一种新奇的体验，在信息化社会创作离不开电脑这种数字设备。如果用心观察，你会发现数字设备无处不在。它们形态万千，听、说、读、写、做样样精通。

电脑，是人们工作的得力助手。洋洋洒洒的散文、设计精致的海报、逻辑清晰的汇报材料、悦耳动听的音乐、生动有趣的卡通动画、功能强大的手机应用软件无一例外都是用电脑设计与制作的。

手机，是很多人形影不离的好朋友。人们可以利用手机给他人发信息、打电话、视频通话；可以利用手机购物、学习、阅读；可以利用手机查询天气或者路况信息；可以利用手机拍照、录像、录音或者处理工作。

扫地机器人，是减轻家务负担的好帮手。扫地机器人能够在熟悉家中布局后，合理规划清扫路线，并且每天按照设定好的固定时间进行清扫。只需设定一次，便可持续高质量完成工作，提高家务劳动的效率。

形形色色的平板电脑设备，是陪伴孩子们成长的好伙伴。它们可以将音视频内容分类管理并提供科学的学习计划，还具备聊天、语音点播和图书点读功能，甚至可以根据孩子的学习情况进行智能反馈。

图书馆离不开数字设备。门禁系统可以通过人脸识别、刷卡等方式验证读者身份；通过馆藏资料管理系统读者可以检索藏书情况，查询图书的借阅状态；通过自助借还设备扫描借书证与书籍，读者就可以完成图书借阅或归还操作。

科技馆离不开数字设备。地面互动投影系统可以在地面呈现五彩缤纷的画面，并且能与参观者的脚步进行交互；模拟仿真驾驶系统能够让你体验太空之旅；体感互动系统可以感应参与者的动作变化，从而实时同步到显示画面中。

学校离不开数字设备。滚动大屏是播放近期活动的信息之窗；交互式电子白板或触摸电视是学生学习的知识之窗；电子班牌展示了班级情况及考勤信息；安防监控摄像头可以第一时间对异常情况发出警报。

你还能想到哪些数字设备或需要数字设备支持的场景？

无处不在的数字设备，能够提高我们生活与学习的质量与效率，助力我们在数字时代能更从容、幸福地生活与学习。我们应该根据需求，合理选择并使用数字设备。

第 2 章

大闹天宫

人有不为也，而后可以有为。

——《孟子·离娄章句下》

2.1 讲故事

神通广大的孙悟空被玉帝请到天庭并授予弼马温一职。孙悟空得知弼马温是个不入流的末等官，并无实权。他一气之下回了花果山，自称“齐天大圣”。玉帝得知此事后，派托塔天王李靖与哪吒三太子领众将士前去捉拿孙悟空，却无功而返。太白金星给玉帝出主意道：“不如封孙悟空‘齐天大圣’的虚名，别让他再胡作非为。”于是，孙悟空被封为“齐天大圣”，开始管理蟠桃园。

孙悟空天生就喜欢吃桃子，看守蟠桃园后，园中的土地神告诉孙悟空：前面 1200 株桃树，花和果实都比较小，三千年一熟，人吃了可以成仙道；中间 1200 株桃树，果实甘甜，六千年一熟，人吃了可以腾云驾雾；后面 1200 株桃树，果实有紫色纹路和浅黄桃核，九千年一熟，人吃了可以与天齐寿。自此，孙悟空打起了蟠桃的主意。

有一日，孙悟空支开众神仙，设法进入蟠桃园。一进桃园，就看到桃园里有数不清的、形态各异的桃子，有红彤彤的大桃子、脆生生的小桃子……他禁不住想要吃个够。孙悟空来到桃林里，脱掉冠服，飞身跃起，挑选了一棵心仪的桃树，看准又红又大的桃子，津津有味地吃了起来。美味的桃子让孙悟空忘乎所以，饱餐一顿后，他便躺在了桃树上，呼呼大睡了起来。

后来孙悟空得知，王母娘娘举办蟠桃宴邀请了众神仙但却没有邀请他。他非常生气，不仅毁了王母娘娘的蟠桃宴，返回花果山前还偷吃了太上老君的金丹。

2.2 看程序

扫描二维码，按以下方法操作，可以看到本案例的呈现效果。

1）点击 ▶运行 按钮，启动程序。

2）用鼠标点击孙悟空，孙悟空会一直跟随鼠标移动，如图 2-1 所示。

图 2-1　孙悟空跟随鼠标移动

3）将孙悟空移动到桃子上，用鼠标点击桃子，桃子消失，如图 2-2 所示。

图 2-2　孙悟空摘桃子

2.3 学设计

这个程序有孙悟空和桃子 2 类角色，下面仅以孙悟空和 1 个桃子为例说明设计方法。

这个程序的实现包括 2 个功能模块，分别是“孙悟空跟随鼠标移动”“桃子显示与隐藏”。

1. 孙悟空跟随鼠标移动

1）当运行被点击后，移动到初始位置。

2）当角色被点击后，重复执行跟随鼠标指针移动这一动作。

2. 桃子显示与隐藏

1）当运行被点击后，桃子移到初始位置，并变为显示状态。

2）当角色被点击后，桃子角色隐藏，即呈现消失效果。

3）将桃子移到作品最底层。

2.4 编写程序

若想实现“孙悟空跟随鼠标移动”“桃子显示与隐藏”2 个功能模块的功能，具体方法如下。

2.4.1 动动手：布置舞台

准备好本章所需资源“案例 2- 大闹天宫”文件夹。

通过导入“大闹天宫 基础案例 .ppg”文件，布置舞台背景并添加故事角色及造型。

按如下流程操作：

1）在图形化编程环境下，选择菜单“文件”→“从电脑导入”命令，弹出“打开”对话框。

2）在“打开”对话框中，找到编程资源“案例 2- 大闹天宫”文件夹的位置，选择“大闹天宫 基础案例 .ppg”，点击“打开”按钮，完成文件导入，如图 2-3 所示。

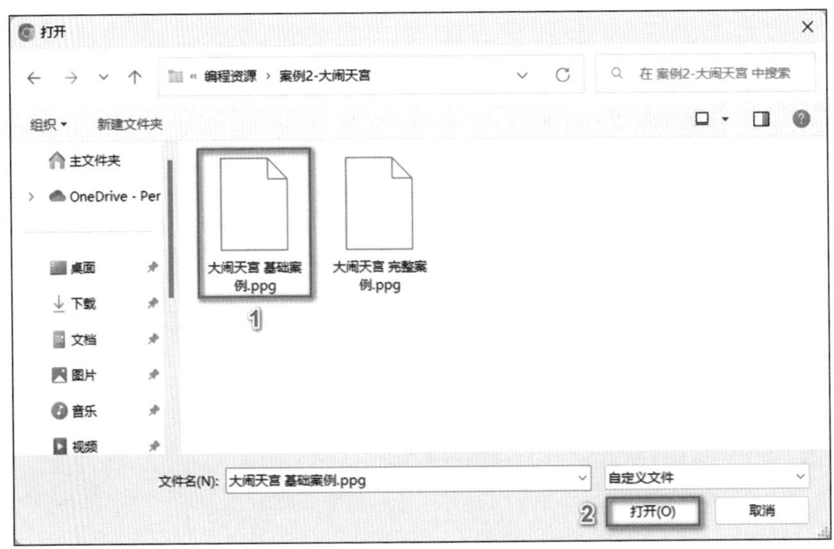

图 2-3　选择要上传的文件导入

这样就把舞台布置好了。同时，增加了孙悟空、桃子 2 类角色。布置好的舞台效果，如图 2-4 所示。

图 2-4　舞台效果图

2.4.2　动动手：搭积木

按如下流程操作，完成“大闹天宫”的积木搭建。

1. 当孙悟空被点击后跟随鼠标移动

1）点击角色背景区的“孙悟空”图标，将鼠标移至“事件”类积木中，找到积木 当角色被点击 并拖曳到编程区。当程序开始运行后，这块积木可以让孙悟空在被鼠标点击后做出动作，如图 2-5 所示。

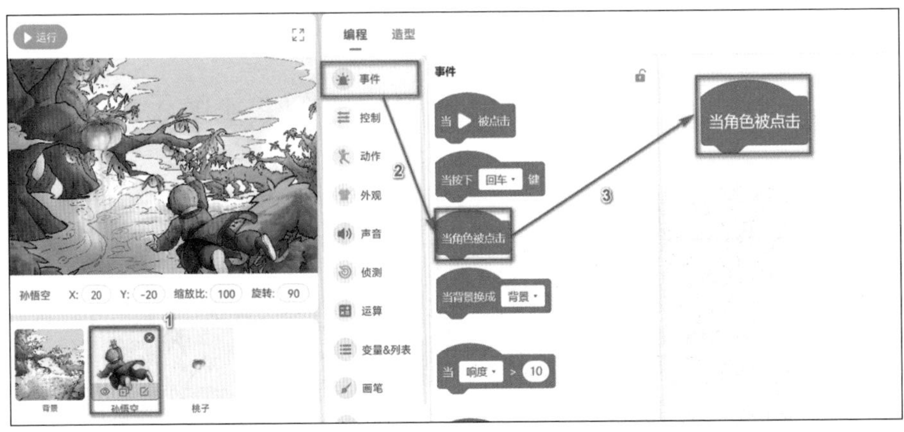

图 2-5　拼接运行事件

2）在“动作”类积木中找到积木 移到 随机位置 拖曳至编程区，点击 移到 随机位置 中的白色椭圆，在下拉列表中选择“鼠标指针”，如图 2-6 所示。

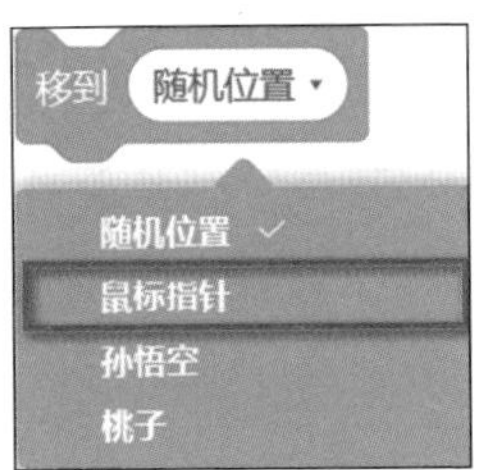

图 2-6　移到鼠标指针代码

运行上述程序后会发现，孙悟空只跟随鼠标指针移动一次，想要让孙悟空一直跟随鼠标指针移动，可以使用“控制”类积木“重复执行”。

3）在“控制”类积木中找到，拖曳到编程区，拼接在当角色被点击这块积木下，并将移到 鼠标指针拖曳到里，如图 2-7 所示。

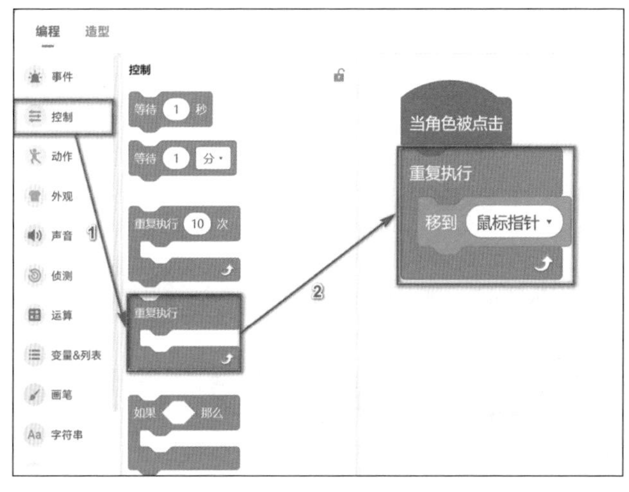

图 2-7　孙悟空一直跟随鼠标指针移动代码

2. 当桃子被鼠标点击时隐藏

1）对桃子这一角色进行编辑，需要将编程对象切换为桃子。因此首先点击角色背景区的“桃子”角色图标，然后将鼠标移至“事件”类积木中，找到积木当角色被点击并拖曳到编程区，如图 2-8 所示。

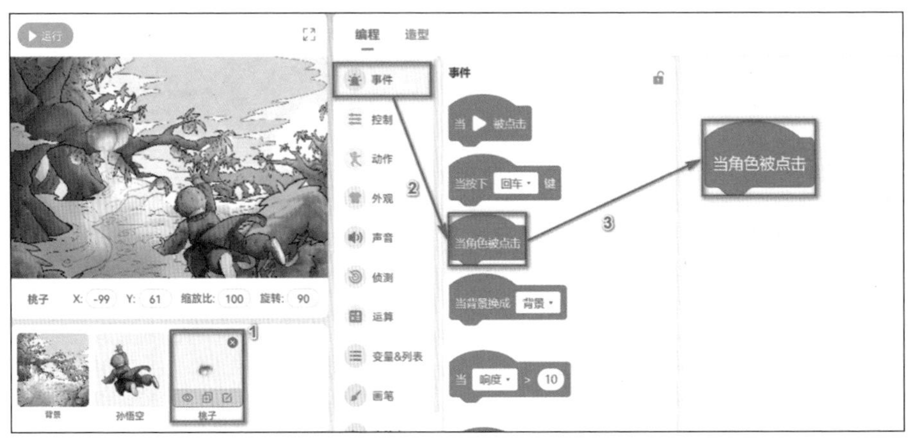

图 2-8　拼接运行事件

2）在“外观”类积木中，找到 隐藏 并拖曳至编程区，拼接在 当角色被点击 的下面，如图 2-9 所示。

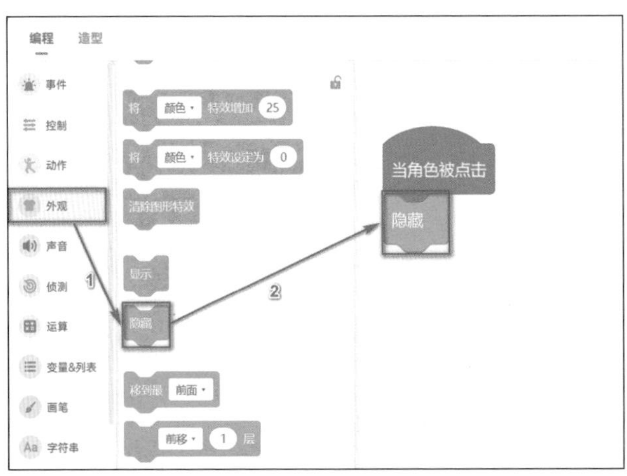

图 2-9　桃子隐藏代码

图 2-9 的代码可以实现用鼠标点击桃子使桃子消失通过孙悟空跟随鼠标指针“飞翔”演示，成功模拟了孙悟空摘桃子的效果。

3. 角色初始化

运行程序会发现，当程序再次启动时，孙悟空会停留在 ▶运行 附近，并且桃子没有显示出来。

这就需要在每次程序开始运行前，做好初始化准备工作。比如将角色的位置、造型、显示状态等做好最初的设置。

1）实现桃子在程序开始运行时显示状态的初始化，同时将桃子移动到作品最底层，这样孙悟空在摘桃子时不会被桃子遮挡。在“事件”类积木中选择 当 ▶ 被点击 并将积木拖曳至编程区，如图 2-10 所示。

在“外观”类积木中，找到 显示 并拖曳至编程区，拼接在 当 ▶ 被点击 的下面，如图 2-11 所示。

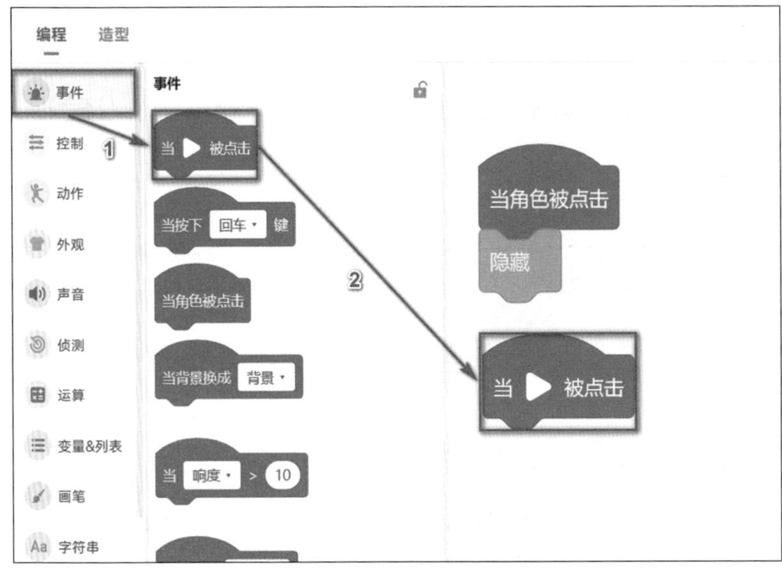

图 2-10　拼接运行事件

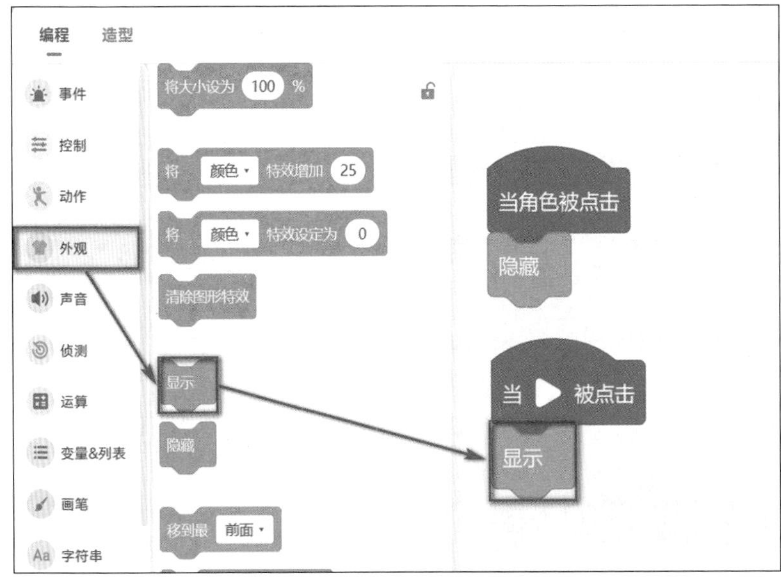

图 2-11　拼接显示积木

接着，在“动作”类积木中，找到 移到 x: -158 y: 177 并拖曳至编程区，拼接在 显示 的下面，完成桃子的位置初始化效果，如图 2-12 所示。

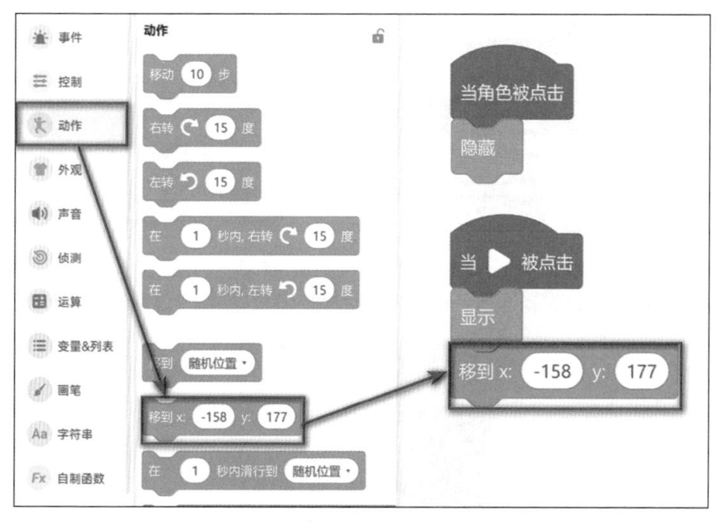

图 2-12　桃子位置初始化积木

最后，将桃子设置为移动到作品的最后一层，在“外观”类积木中找到 移到最 前面 ，并将这块积木拼接在 移到 x: -158 y: 177 下方，如图 2-13 所示。

点击 移到最 前面 这块积木的空白矩形，在下拉列表中选择“后面”，如图 2-14 所示。

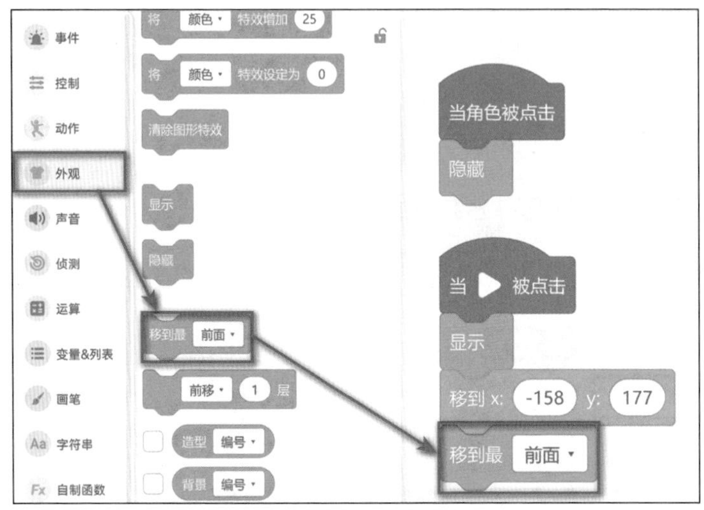

图 2-13　将桃子移至最后一层

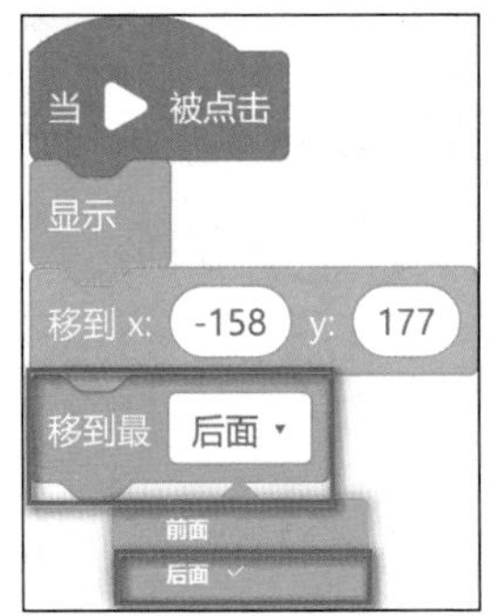

图 2-14　选择移到最“后面”

这就完成了桃子的所有编程。

2）实现孙悟空在程序开始运行时，位置的初始化。

①点击角色背景区的“孙悟空”图标，切换为对“孙悟空”进行编程。在“事件”类积木中，找到积木

拖曳至编程区，如图 2-15 所示。

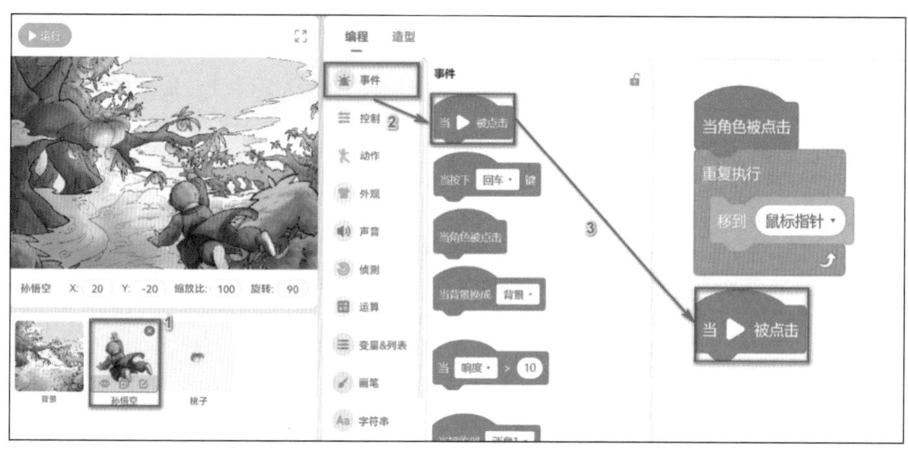

图 2-15　拼接运行事件

②将孙悟空移动到合适的位置。观察孙悟空的位置坐标，也就是 X、Y 的值，如图 2-16 所示。

图 2-16　孙悟空坐标展示

③在“动作”类积木中选择 移到 x: 20 y: -20 并拼接在 当 ▶ 被点击 后。这时候，积木中 x、y 的值会自动更新为图 2-13 中的坐标值。也可以通过手动输入积木块中的 x、y 值来修改孙悟空的初始位置，如图 2-17 所示。

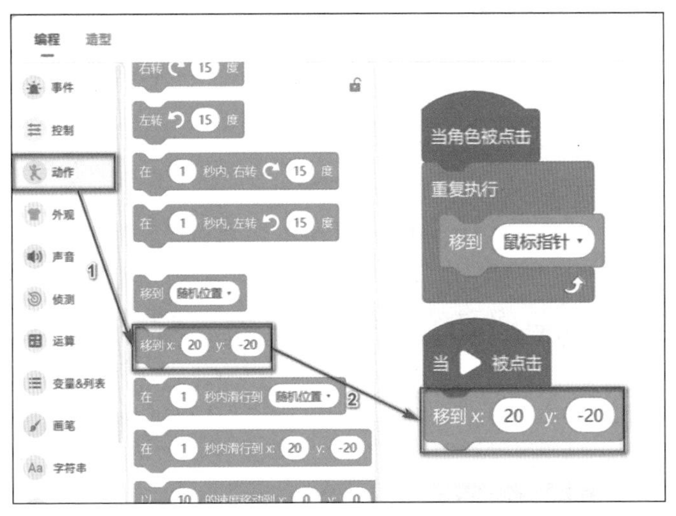

图 2-17　孙悟空位置初始化代码

当完成了所有的编程创作，点击左上角的 ▶运行 按钮，故事动画效果出。这时可查看是否和演示程序一致。

2.4.3　动动手：保存作品

选择菜单“文件”→“导出到电脑”命令，刚刚完成的作品就下载到电脑中了。也可以将这个新作品继续保存到第 1 章所建立的专属文件夹中。如图 2-18 所示。

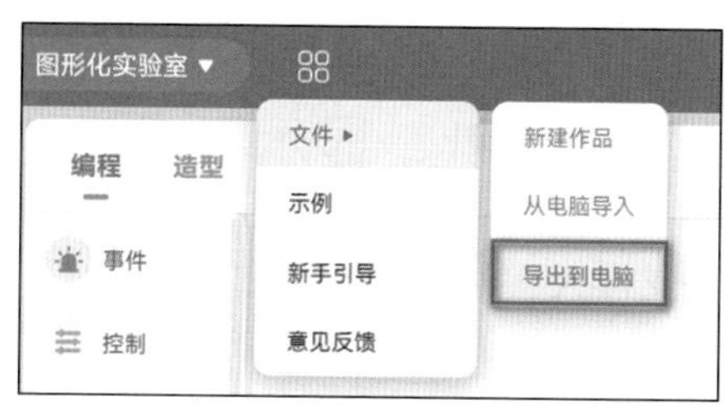

图 2-18　导出到电脑

2.5 理一理：编程思路

大闹天宫的编程思路如图 2-19 所示。

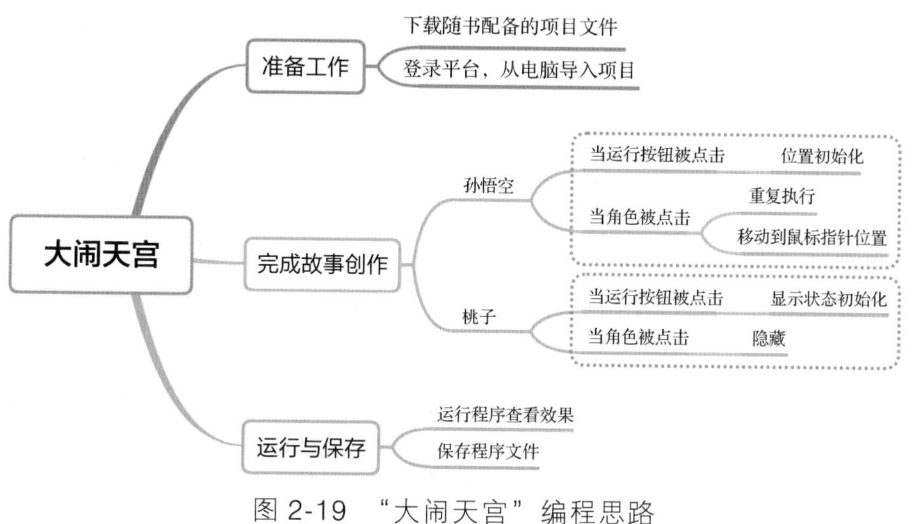

图 2-19　“大闹天宫”编程思路

2.6 学做小小程序员

通过“大闹天宫”的作品创作，我们获得了坐标系、循环结构、移到鼠标指针、显示与隐藏等图形化编程创作的基本知识与技能，如表 2-1 所示。

表 2-1 “大闹天宫”作品创作中的主要编程知识及能力等级对应

知识点	知识块	CCF 编程能力等级认证
坐标系	编程数学	GESP 一级
循环结构	三大基本结构	GESP 一级
移动到鼠标指针	角色的操作	GESP 一级
显示与隐藏	角色的操作	GESP 一级

1. 坐标系

舞台坐标系的原点在舞台中央，水平为 X 轴，垂直为 Y 轴。每个坐标点均可代表舞台上的每个位置。如图 2-20 所示，舞台总宽度 480，范围 -240～240；舞台总高度 360，范围 -180～180。在图形化编程中可以利用坐标值（X，Y）表示角色位置。

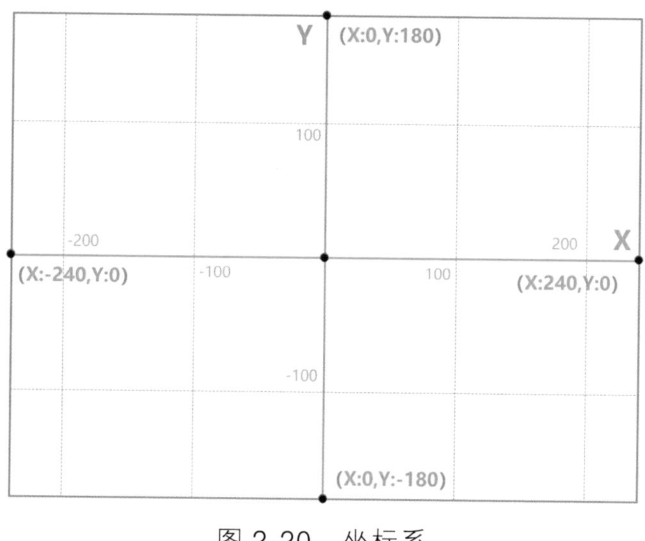

图 2-20 坐标系

2. 循环结构

循环结构是指在程序中需要反复执行某个功能而设置的一种程序结构。循环结构通常由三个部分组成：循环变量、循环条件和循环体。

“控制”类积木模块中的“重复执行”积木（如图 2-21 所示）是实现循环结构的一种方式。在搭建程序的过程中，我们可以使用“重复执行”来无限次数执行某段积木，从而实现某种功能，如造型的不断切换、连续的运动等。

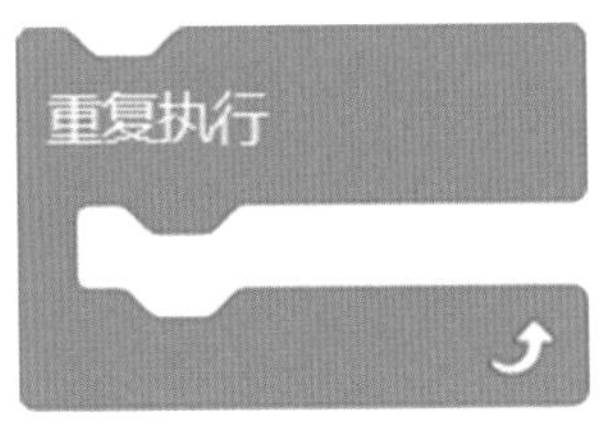

图 2-21　重复执行

“重复执行”积木后面不能拼接其他积木，并且没有循环变量和循环条件。它由循环体中的条件判断继续执行某个功能还是退出循环。

3. 移到鼠标指针

“移到鼠标指针”属于“动作”类积木，作用是使角色移动到鼠标指针的位置。除此之外，这块积木还可以选择将角色移到随机位置或移到某一角色所在位置，如图 2-22 所示。

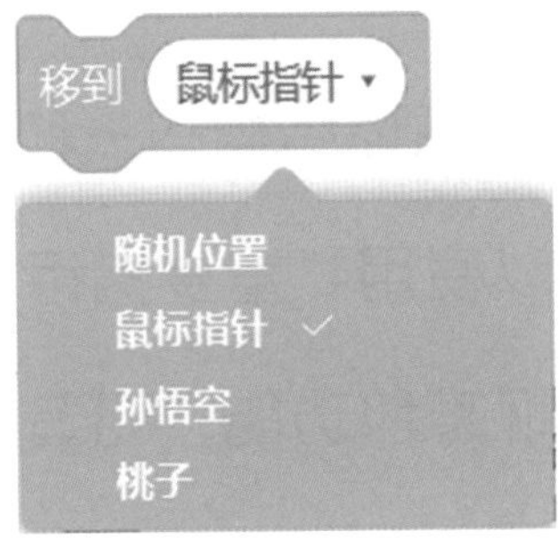

图 2-22　移到鼠标指针

4. 显示与隐藏

“显示”与“隐藏”都是“外观”类的积木。“显示”可以让角色在舞台上显示出来，“隐藏”可以让角色从舞台上消失。注意，这种“消失”是指角色不会出现在舞台上，而不是角色被彻底删除。角色的显示与隐藏有以下两种方法实现：

1）通过对角色区角色的外观属性进行设置，如图 2-23 所示；

2）通过积木的运行来改变角色的显示状态，如图 2-24 所示。

图 2-23　角色外观属性

图 2-24　显示与隐藏代码

2.7 走近信息科技

将黄豆、冷水倒入豆浆机，选择功能键并经过一段时间，香醇的豆浆就做好了；将鸡肉和调料搅拌均匀放入烤箱，选择功能键并经过一段时间，香喷喷的烤鸡就做好了；将脏衣物和洗衣液放入洗衣机，选择功能键并经过一段时间，干干净净的衣服就洗好了。

细心的你会发现，完成这些事情，都需要提前做好准备工作，将物品放入对应的设备。黄豆、冷水、鸡肉、调料、脏衣服、洗衣液都是我们的“输入”。你还会发现，经过设备处理之后我们会得到结果，香醇的豆浆、香喷喷的烤鸡、干干净净的衣服都是“输出”。

利用计算机创作“大闹天宫”也离不开输入输出。将键盘、鼠标作为输入设备，可以把舞台、角色造型、积木指令输入计算机。在程序执行中，鼠标更是起到重要的作用：点击按钮触发程序做好初始准备；点击角色触发孙悟空跟随鼠标运动；点击桃子触发桃子消失。显示器作为输出设备，可以在舞台区展示孙悟空摘桃子的动画效果。

其实，输入设备远不止键盘和鼠标。摄像头、扫描仪、手写输入板、游戏杆、语音输入装置、传感器等都可以作为输入设备，从而可以输入语音、图像等。如果你好奇公园中的植物是什么，可以利用“拍照识图”功能，输入图片，获得植物的信息；当你用语音命令智能音箱播放你喜欢的中华传统美德故事，其实你是利用语音作为输入命令指挥智能音箱工作。

同样，输出设备也不仅仅有显示器，打印机、绘图仪、影像输出系统、语音输出系统、磁记录设备等都可以作为输出设备。打印学习资料就将打印机作为输出设备；播放录好的课文就将语音输出系统作为输出设备；如果将电脑处理好的内容保存到U盘，就是将磁记录设备作为输出设备。

输入设备可以同时是输出设备吗？博物馆、科技馆、图书馆或者其他公共场所的电子导览设备，在触摸屏幕查询信息的同时也可以在屏幕上呈现信息，这样触摸屏幕既是输入设备也是输出设备。手机、平板电脑、交互式电子白板的触摸屏也是类似的设备。

由此可见，通过输入，我们向计算机发出命令或提供数据；通过输出，计算机展示自己的计算结果。为了让计算机更好地为人们服务，就必须提供计算机与人之间沟通的方式，而输入输出就是人机交互的通道。

第 3 章

魔力金箍

不以规矩，不能成方圆。

——《孟子·离娄章句上》

3.1 讲故事

大闹天宫后，孙悟空被如来佛祖压在了五行山下。观世音菩萨告诉他，若想将功补过，就拜取经人为师，并保护他西天取经。不久后，唐僧路过五行山，取下了山顶上的金字压帖，将孙悟空解救了出来。重获新生的孙悟空郑重跪拜唐僧，师徒二人正式开启了西天取经之路。

取经途中，他们遇到了一群强盗。孙悟空为了保护师父，将强盗打死了。可是唐僧认为孙悟空好勇斗狠，没有慈悲心肠，做不得和尚……孙悟空受不了唐僧的絮絮叨叨，一气之下打算回花果山。他路上先去看望龙王，听从了龙王“不可图自在，误了前程”的忠告，决意继续护送唐僧取经。与此同时，唐僧在路上遇到了一位老婆婆。老婆婆送给了唐僧一衣一帽，还教给他一篇咒语“紧箍咒”，叮嘱他如果孙悟空再不听从命令，就默念这个咒语。

孙悟空回到师父身边后，发现了漂亮的衣帽，恳求师父让他穿戴。可谁知，他刚一戴上帽子，唐僧就默默念起“紧箍咒”。孙悟空立刻感到头痛欲裂，大叫道：“疼，疼啊！”他疼得直打滚，抓破了帽子，但是无论如何也揪不断、扯不下这仿佛生了根的金箍。唐僧念个不停，孙悟空疼得左右摇晃，四处乱窜，面红耳赤，眼胀身麻。

孙悟空跪地求饶，从此死心塌地保护唐僧取经。

3.2 看程序

扫描二维码，按以下方法操作，可以看到本案例的呈现效果。

1）点击 ▶运行 按钮，孙悟空首先呈现站立造型，如图 3-1 所示。

图 3-1　程序运行后孙悟空站立

2）稍等一会儿，孙悟空换成了难受造型，如图 3-2 所示。

图 3-2　切换到“孙悟空难受”造型

3）按下键盘的数字〈1〉键，孙悟空先向右旋转，再转回来；按下键盘数字〈2〉键，孙悟空先向左旋转，再转回来；按下空格键，孙悟空会“跳跃”到另外的位置，如图 3-3 所示。

图 3-3　孙悟空边摇晃边跳跃

如果同时按下数字〈1〉键和空格键，或者同时按下数字〈2〉键和空格键，还会出现一边左右摇晃一边“跳跃”的效果。

3.3 学设计

这个程序只有孙悟空 1 个角色，该角色包括站立和难受两个状态的造型。

这个程序的实现，包括 3 个功能模块，分别是“孙悟空造型变化”“孙悟空左右旋转”和“孙悟空跳跃到随机位置”。

1. 孙悟空造型变化

1）当运行被点击后，角色面向 90 度方向，在初始位置呈现“孙悟空站立”造型。

2）间隔一定时间后，换成“孙悟空难受”造型。

2. 孙悟空左右旋转

1）按下数字〈1〉键后，孙悟空在一定时间内向右旋转，再转回来。

2）按下数字〈2〉键后，孙悟空在一定时间内向左旋转，再转回来。

3. 孙悟空跳跃到随机位置

按下空格键后，孙悟空移动到随机位置。

3.4 编写程序

若想实现“孙悟空造型变化”“孙悟空左右旋转”和“孙悟空跳跃到随机位置”3 个功能模块的功能，具体方法如下。

3.4.1 动动手：布置舞台

准备好本章所需资源“案例 3- 魔力金箍”文件夹。通过导入“魔力金箍 基础案例 .ppg”文件，布置舞台背景并添加故事角色及造型。

按如下流程操作：

1）在图形化编程环境下，选择菜单“文件”→“从电脑导入”命令，弹出“打开”对话框。

2）在“打开”对话框中，找到编程资源“案例 3- 魔力金箍”文件夹的位置，选择“魔力金箍 基础案例 .ppg”，点击“打开”按钮，完成文件导入，如图 3-4 所示。

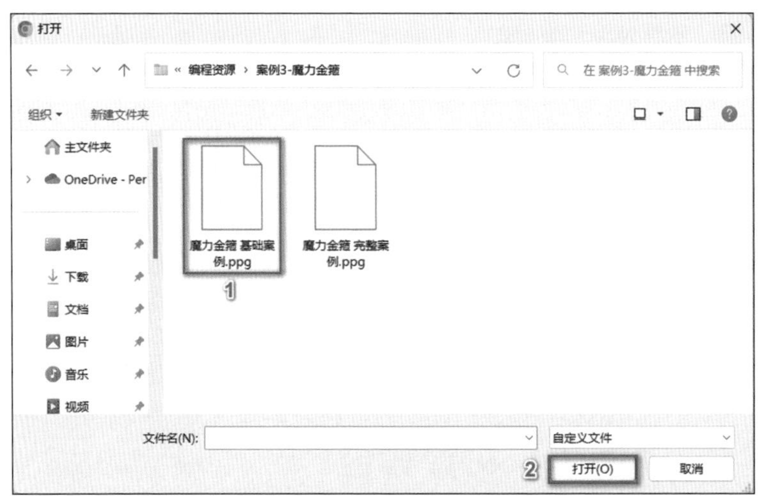

图 3-4　选择要上传的文件导入

通过这样的步骤就把舞台布置好了。同时，增加了孙悟空角色。布置好的舞台效果，如图 3-5 所示。

图 3-5　舞台效果图

3.4.2 动动手：搭积木

按如下流程操作，完成“魔力金箍”的积木搭建。

1. 孙悟空的初始化

1）明确孙悟空的位置。点击角色背景区的“孙悟空”图标，观察其位置是（9，-26），如图 3-6 所示。

图 3-6 查看孙悟空的位置信息

2）在“事件”类积木，找到积木 当 ▶ 被点击 并拖曳到编程区，如图 3-7 所示。

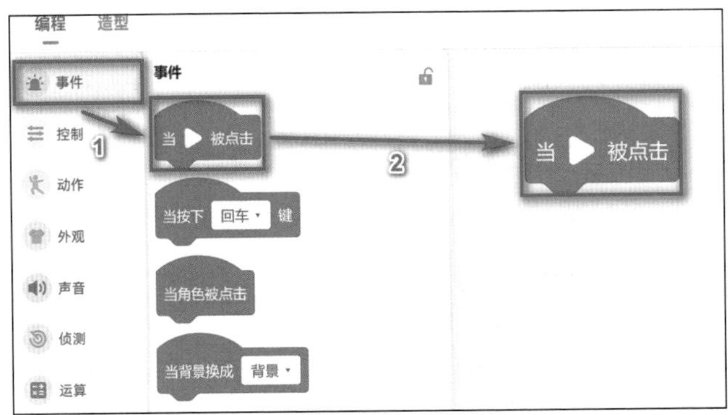

图 3-7　拼接“当运行被点击”事件积木

3）在“动作”类积木中，拖曳 面向 90 方向 积木到 当 ▶ 被点击 下方，拼接起来，如图 3-8 所示。

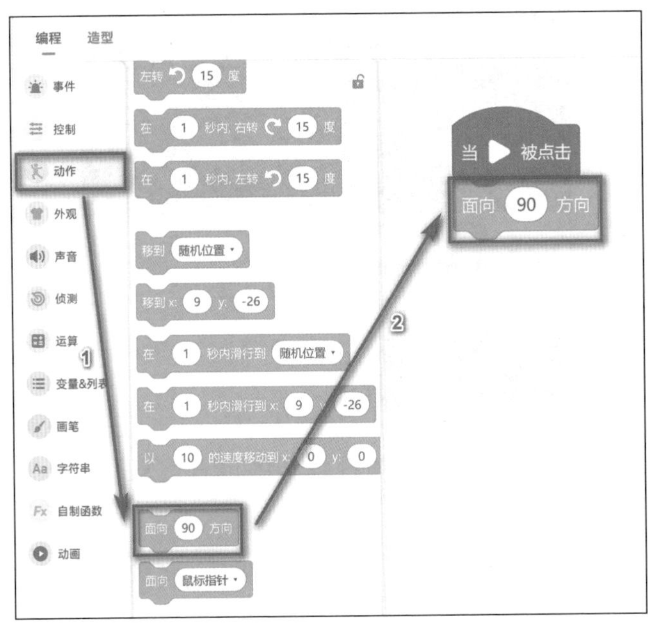

图 3-8　拼接“面向 90 度”动作积木

4）在“动作”类积木中找到 移到 x: 9 y: -26 ，拼接到上述积木下方。其中 x、y 值已经自动更新为刚刚观察到的坐标值，如图 3-9 所示。

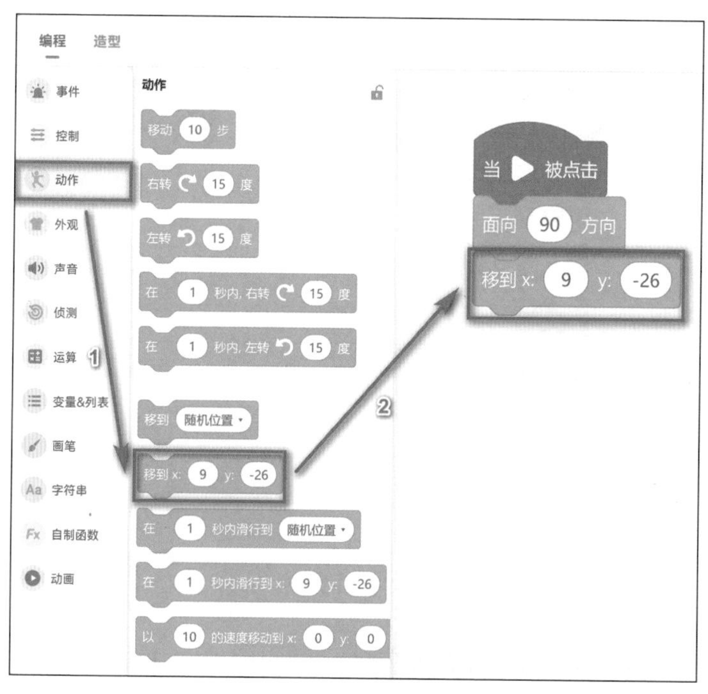

图 3-9　拼接“移到指定坐标”动作积木

5）在“外观”类积木中找到 换成 孙悟空难受 造型 ，拼接到上述积木下方。点击“孙悟空难受”所在的白色椭圆，在造型列表中选择“孙悟空站立”，如图 3-10 所示。

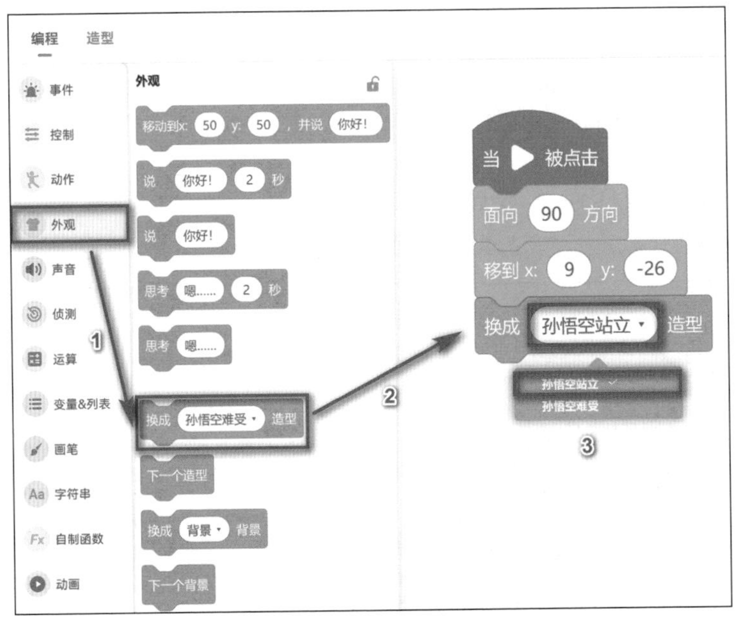

图 3-10　拼接“造型切换”外观积木

2. 孙悟空造型变化

1）在“控制”类积木中找到 等待 1 秒 并拖曳到编程区进行拼接，将数值修改为 2，如图 3-11 所示。

2）在“外观”类积木中找到 换成 孙悟空难受 造型 ，继续拼接，如图 3-12 所示。

这样即可实现在开始运行后，孙悟空站立在舞台的指定位置，并且 2 秒后变换为难受造型的效果。

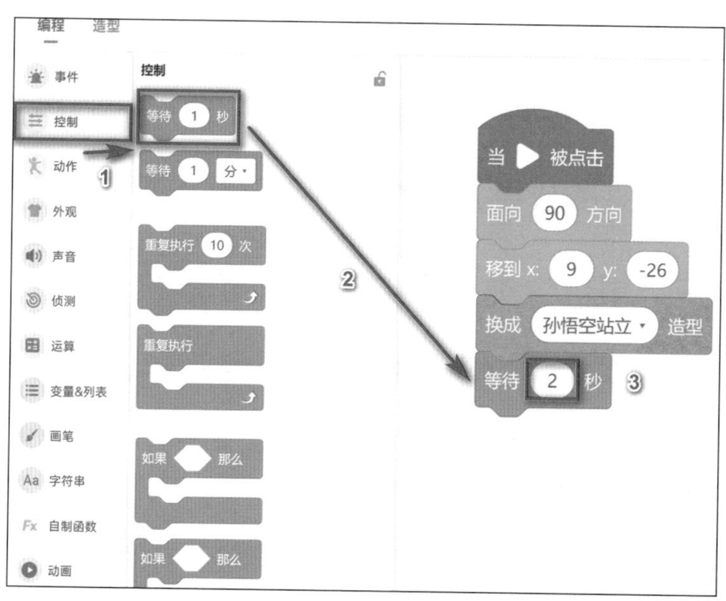

图 3-11 拼接“等待”控制积木

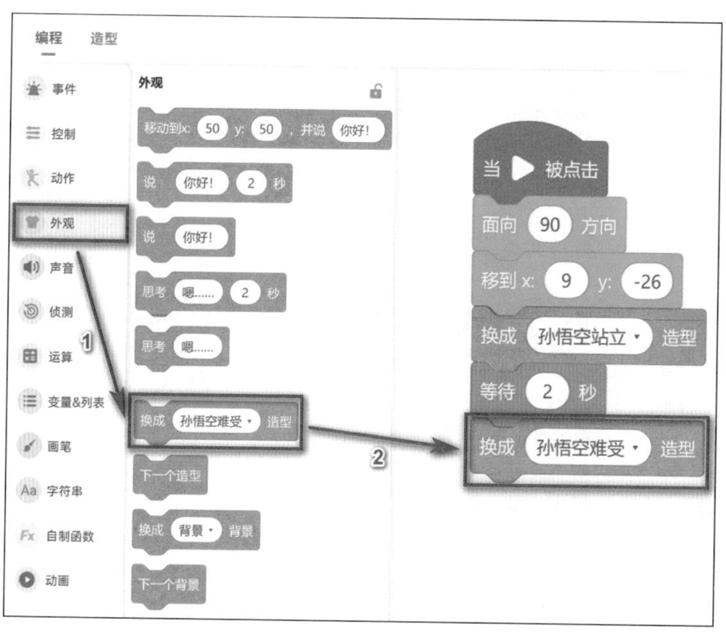

图 3-12 拼接“造型切换”外观积木

3. 孙悟空左右旋转

1）若要实现按下键盘数字〈1〉键后，孙悟空向右旋转再转回来的效果，按照如下步骤操作。

①在“事件”类积木中找到积木 当按下 回车 键 并拖曳到编程区，点击“回车”所在的白色矩形，在所弹出的下拉列表中，找到“1”，如图 3-13 所示。

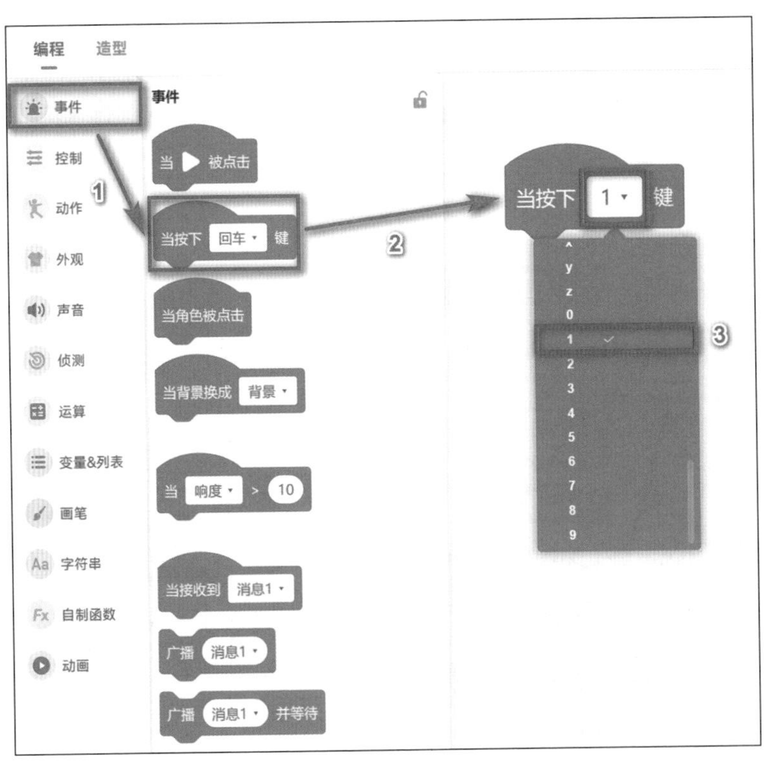

图 3-13　拼接“当按下〈1〉键”事件积木

②在“动作”类积木中找到积木 在 1 秒内, 右转 15 度 并拖曳到编程区 当按下 1 键 积木块下，将“15”更改为“30”，如图 3-14 所示。数字越大，代表孙悟空旋转的角度越大。

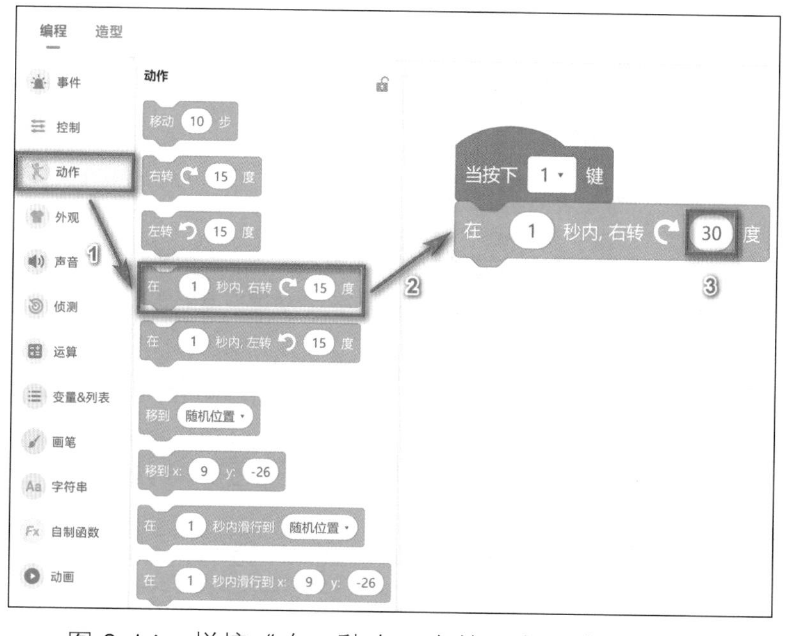

图 3-14　拼接“在 x 秒内，右转 y 度”动作类积木

③在“动作”类积木中找到积木 在 1 秒内, 左转 15 度 继续拼接，将“15”更改为“30”。上一个步骤实现的是向右转的效果，这个步骤实现的是向左转的效果，如图 3-15 所示。

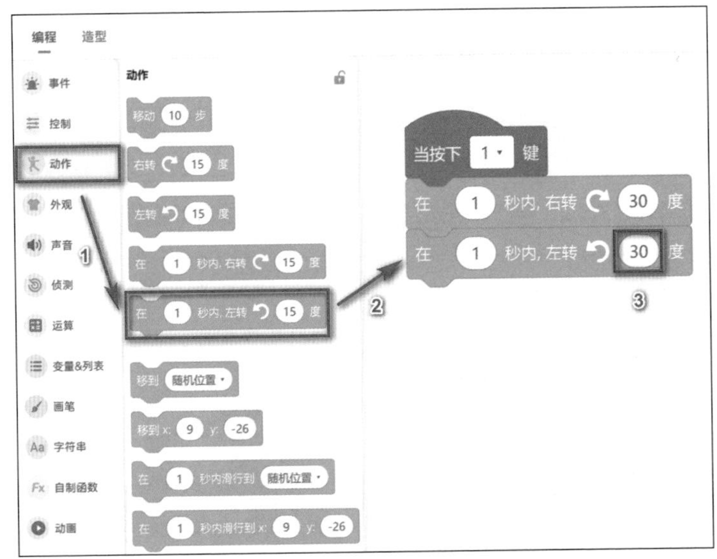

图 3-15　拼接“在 x 秒内，左转 y 度”动作类积木

2）按下键盘数字〈2〉键后，孙悟空向左旋转，再转回来。该部分的搭建步骤与按下数字〈1〉键后孙悟空旋转的思路相同，但是需要注意：将按下键盘〈1〉键修改为〈2〉键；孙悟空先向左旋转，再向右旋转相同角度，该步骤代码如图 3-16 所示。

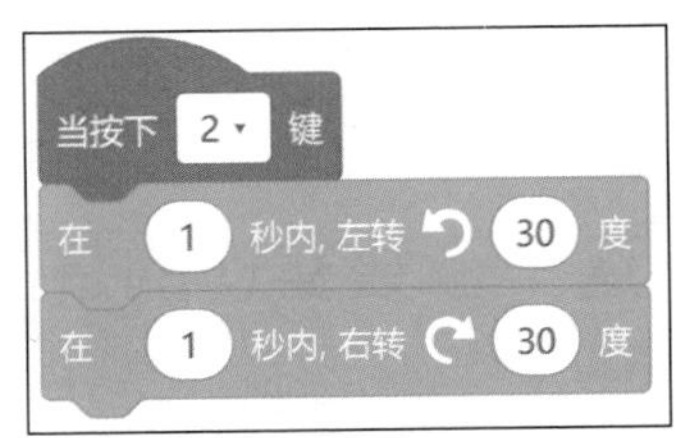

图 3-16　“按下键盘数字〈2〉键后，孙悟空向左旋转，再转回来”代码

4. 孙悟空跳跃到随机位置

1）在“事件”类积木中找到积木 当按下 回车 键 并拖曳到编程区，点击“回车”所在的白色矩形，在所弹出的下拉列表中，选择“空格”，如图 3-17 所示。

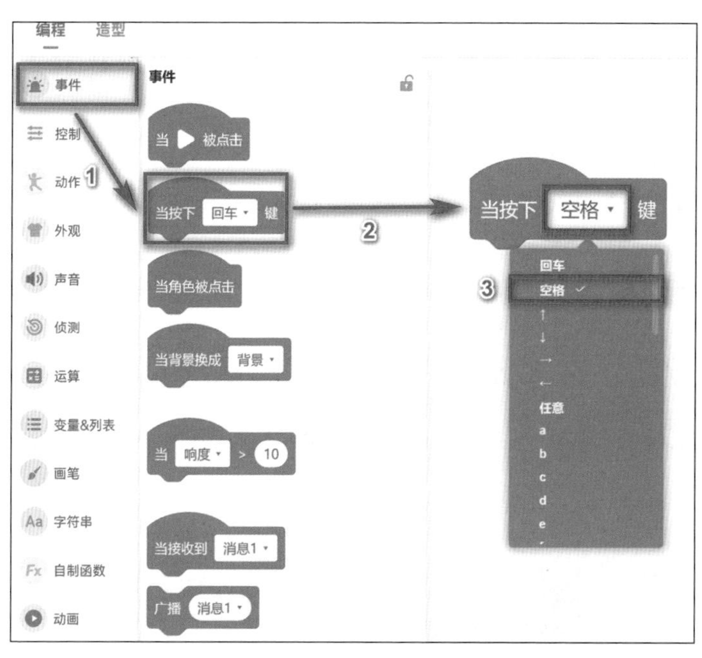

图 3-17　拼接“当按下空格键”事件积木

2）在“动作”类积木中找到积木 在 1 秒内滑行到 随机位置 并拖曳到编程区积木块下。为了让滑动过程更明显，将秒数从“1”更改为“2”，如图 3-18 所示。

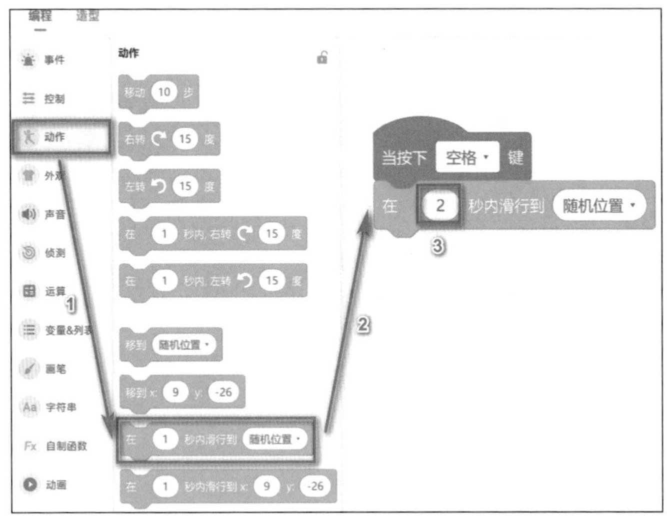

图 3-18　拼接“在 x 秒内滑行到随机位置”动作积木

当完成了所有的编程创作，可以点击左上角的 运行 按钮，故事动画效果出现。这时可查看是否和演示程序一致。魔力金箍的完整代码如图 3-19 所示。

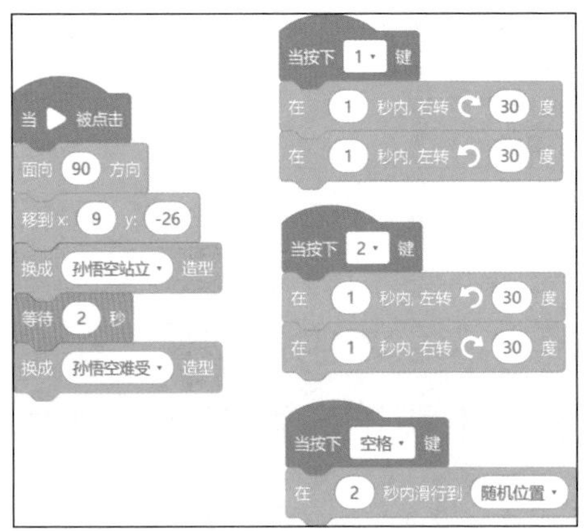

图 3-19　“魔力金箍”完整代码

3.4.3 动动手：保存作品

参考第 1、2 章的作品保存方式，将这个新作品导出到计算机中的编程创作专属文件夹中。

3.5 理一理：编程思路

魔力金箍的编程思路如图 3-20 所示。

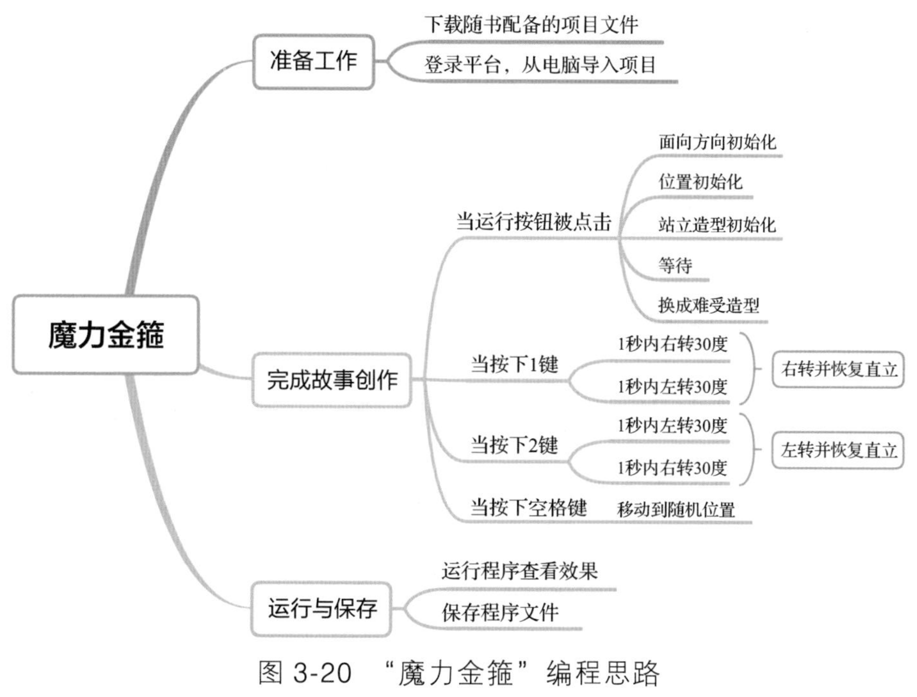

图 3-20 “魔力金箍”编程思路

3.6 学做小小程序员

通过“魔力金箍”的作品创作，我们获得了键盘触发、面向方向、在指定时间内旋转、在指定时间内滑到随机位置等图形化编程创作的基本知识与技能，如表 3-1 所示。

表 3-1 “魔力金箍”作品创作中的主要编程知识及能力等级对应

知识点	知识块	CCF 编程能力等级认证
键盘触发	事件触发	GESP 一级
面向方向设置	角色的操作	GESP 一级
在指定时间内旋转	角色的操作	GESP 一级
在指定时间内滑到随机位置	角色的操作	GESP 一级

1. 键盘触发

除了可以用鼠标与程序交互外，还可以通过键盘与程序交互。利用“事件”类积木中的 当按下 回车 键 积木块，可以实现当我们按下键盘的不同按键时，触发角色执行命令，完成相应的动作。

2. 面向方向设置

利用“动作”类积木中的 面向 90 方向 ，可以调整角色在舞台上的面向方向。这里的 90 代表 90 度，是角度的数值。圆的一周是 360 度，把这 360 度平均分成 360 份，每份就是 1 度。

点击椭圆内数字后呈现方向旋转表盘 

，当前显示的数字就是图中两条白色线条之间的角度，可以输入数字或者调整指针位置来设置角色面向方向。

3. 在指定时间内进行旋转

利用“动作”类积木中的 在 1 秒内, 右转 ↻ 15 度 和 在 1 秒内, 左转 ↺ 15 度 ，能实现在指定时间范围内角色向左或向右转动一定角度的效果。

第一个椭圆中的数字，是完成左转动作的时间。如果希望动作缓慢，就可以设置比较长的时间；如果希望动作迅速，则可以设置比较短的时间。第二个椭圆中的数字，是角色旋转的角度。“左转”是逆时针旋转，“右转”是顺时针旋转。

4. 在指定时间内滑到随机位置

利用“动作”类积木中的 在 1 秒内滑行到 随机位置▾ ，能实现在指定时间范围内，角色做出滑动到随机位置的效果。第一个椭圆中的数字，是完成滑动动作的时间。除了可以滑行到随机位置，还可以将位置调整为鼠标指针或者某个角色。

3.7 走近信息科技

本章，我们通过不同的键盘输入，控制孙悟空做出不同动作，如果按下数字〈1〉键，孙悟空在指定时间内向右旋转，再转回来；如果按下数字〈2〉键，孙悟空在指定时间内向左旋转，再转回来；如果按下空格键，孙悟空移动到随机位置；如果同时按下〈1〉键和空格键，或者〈2〉键和空格键，还会一边旋转一边移动到随机位置。

计算机可以有条不紊地执行所有任务，真是神奇。而这幕后的重要设计工作是将需要完成的任务，按照一定的执行顺序、编写出明确的、可执行的操作步骤。通常我们把“人们事先安排好的数据结构和语句指令序列”称为算法。

其实，在日常生活中我们身边就有许多算法。比如，收拾书包的过程，是算法；将同学们按照身高顺序排队，是算法；为了能够快速而有效地匹配洗衣机里 10 双不同花色甚至大小的袜子，你所设计的操作步骤是算法；放学回家路上，你根据和同学同路或者想赶紧回家而选择不同的路线，每种路线都是一种算法。

生活中的算法，操作步骤越具体、越明确，越可能按照预期执行。比如，用洗衣机洗衣服的流程可拆解为插入电源、放入衣物、放入洗涤剂、设定洗涤模式、按下启动按钮等步骤，且每个步骤都可以继续拆解。

如果希望计算机实现算法，就需要编写程序。如图 3-21 所示，我们可通过组合积木块实现算法，指令顺序是有效而清晰的。所以当我们按下数字〈1〉键，计算机将对角色进行先在 1 秒内右转 30 度、再在 1 秒内向左转 30 度的处理，并将旋转效果输出在显示器上。

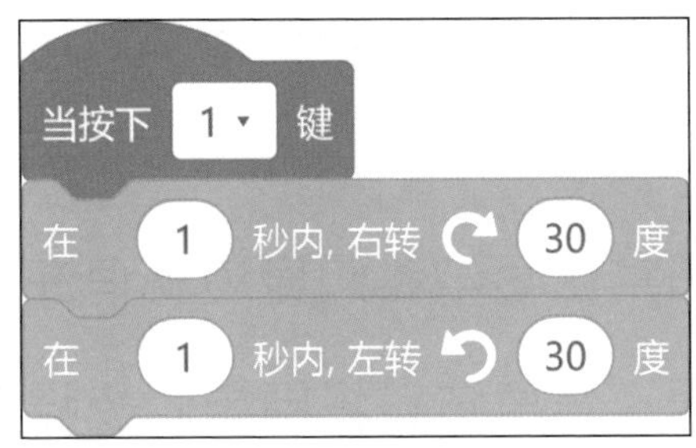

图 3-21　实现孙悟空右转并归位的积木

这个程序执行时按照代码的书写顺序依次执行，每个积木指令执行完后才会执行下一个积木指令，这就是顺序结构。如果我们想实现 5 次上面的右转并归位动作，这个程序就会如图 3-22a 所示。过长的程序不便于阅读理解，并且编写时很容易将部分数字写错，比如将某个积木中的 30 写成了 300。怎样简化程序呢？这就需要用到循环结构，如图 3-22b 所示。运用有限次数循环可使代码清晰明了，而且减少了错误发生的概率。

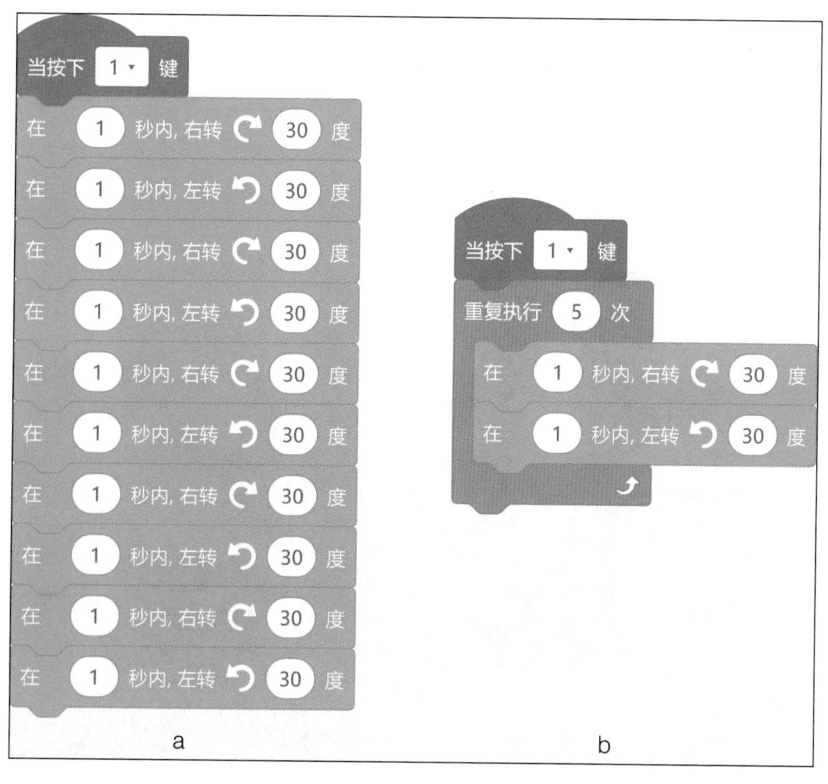

图 3-22　两种实现孙悟空移 5 次右转并归位动作的代码

顺序结构、循环结构、分支结构是算法的三种基本控制结构，可以将三种控制结构综合运用来解决具体问题。为了让计算机能够很好地执行程序，算法步骤要清晰明确、可执行，并且在有限步骤内能够执行完毕。

第 4 章

三打白骨精

博学之，审问之，慎思之，明辨之，笃行之。

——《礼记·中庸》

4.1 讲故事

师徒四人取真经途中行至白虎岭，这里住着尸魔白骨精，她因为听说“吃了唐僧肉，可以长生不老”而垂涎欲滴。白骨精趁着孙悟空给师父摘桃子离开时，化作一个拎着斋饭的村姑，要请唐僧用斋。孙悟空恰好及时赶回来，凭火眼金睛认出这是妖精变的，举起金箍棒当头就打，妖精留下一具假尸首，化作一缕青烟飞走了。唐僧哪里识得村姑是妖精变的，又加上猪八戒煽风点火，他责怪悟空无故伤人性命，想要赶走悟空。悟空再三央求师父，才得饶恕。

白骨精仍然不死心，摇身一变，又变成老婆婆，哭着拄着拐棍寻女儿。悟空见又是那妖精变的，当头又是一棒，白骨精再次留下假尸首脱身走了。唐僧不辨人妖，责备悟空恣意行凶，连伤母女两人性命，执意要赶悟空走。猪八戒搬弄是非，说孙悟空要分行李才走。悟空苦苦哀求，而唐僧也无法松开金箍，只能又饶他一次。

师徒四人继续行进。白骨精不甘心，又变成一个老公公，假装来找妻子和女儿。悟空说："你瞒得了别人，瞒不了我，我认得你这个妖精。"他暗中叫来众神相助照应，悟空抡起金箍棒，终于一棒打死了妖精，断了白骨精的灵光。

唐僧本来已经信了孙悟空，可是在猪八戒挑唆后，念起咒语惩罚悟空，又找出纸笔，写了一张贬书，将孙悟空逐出师门。

4.2 看程序

扫描二维码，按以下方法操作，可以看到本案例的呈现效果。

1）点击"运行"按钮后，孙悟空站立在屏幕右侧，白骨精站在屏幕左侧，如图 4-1 所示。

图 4-1　程序开始运行后的初始状态

2）按下〈1〉键后，白骨精变成村姑造型，如图 4-2 所示。

图 4-2　白骨精变成村姑造型

3）鼠标点击孙悟空，孙悟空跟随鼠标移动。当孙悟空碰到村姑，孙悟空抡棒，村姑变成白骨精原形，如图 4-3 所示。

图 4-3　村姑变回白骨精原形

4）按下〈2〉键后，白骨精变成老婆婆的造型，如图 4-4 所示。

5）当孙悟空碰到老婆婆，孙悟空抡棒，老婆婆变成白骨精原形。

6）按下〈3〉键后，白骨精变成老公公的造型，如图 4-5 所示。

图 4-4　白骨精变成老婆婆造型

图 4-5　白骨精变成老公公造型

7）当孙悟空碰到老公公，孙悟空抡棒，老公公变成白骨精原形。

4.3 学设计

这个程序有孙悟空、白骨精 2 个角色，其中孙悟空包括站立、抡棒 2 个造型，白骨精包括白骨精原形、村姑、老婆婆、老公公 4 个造型。

这个程序的实现，包括 2 个功能模块，分别是“孙悟空打白骨精”和“白骨精造型变化”。

1. 孙悟空打白骨精

1）点击运行按钮后，孙悟空站立在舞台右侧的初始位置，呈现站立造型。

2）用鼠标点击孙悟空后，孙悟空跟随鼠标一起移动。

3）如果孙悟空碰到白骨精，他就会切换成抡棒的造型，否则仍然保持站立的造型。

2. 白骨精造型变化

1）当运行被点击后，白骨精站立在舞台左侧的初始位置，呈现白骨精原形。

2）当按下键盘〈1〉〈2〉〈3〉键后，白骨精分别切换成村姑、老婆婆、老公公的造型。

3）无论白骨精是哪个造型，如果碰到孙悟空，都会变成白骨精原形。

4.4 编写程序

若想实现“孙悟空打白骨精”和“白骨精造型变化”两个功能模块的功能，具体方法如下。

4.4.1 动动手：布置舞台

准备好本章所需资源“案例 4- 三打白骨精”文件夹。通过导入“三打白骨精 基础案例 .ppg”文件，布置好舞台背景，增加孙悟空和白骨精 2 个角色，如图 4-6 所示。

图 4-6　舞台效果图

4.4.2　动动手：搭积木

按如下流程操作，完成“三打白骨精”的积木搭建。

1. 孙悟空的初始化

1）点击角色背景区的“孙悟空”图标，将鼠标移至“事件”类积木中，找到积木 当▶被点击 并拖曳到编程区。

2）在“动作”类积木中，找到积木 移到 x: 130 y: 4 并拖曳到编程区 当▶被点击 这一积木块下，拼接起来。这时 x、y 的值已经自动更新为舞台中孙悟空位置的坐标值。

3）在“外观”类积木中，找到积木 换成 孙悟空抡棒 ▾ 造型 拼接到上述积木下方。点击白色椭圆，在造型列表中选择“孙悟空站立”，这个积木块变为 换成 孙悟空站立 ▾ 造型 。

4）在“外观”类积木中，找到积木 移到最 前面 ▾ 拼接到上述积木下方。

现在，已经完成了孙悟空的初始化，如图 4-7 所示。

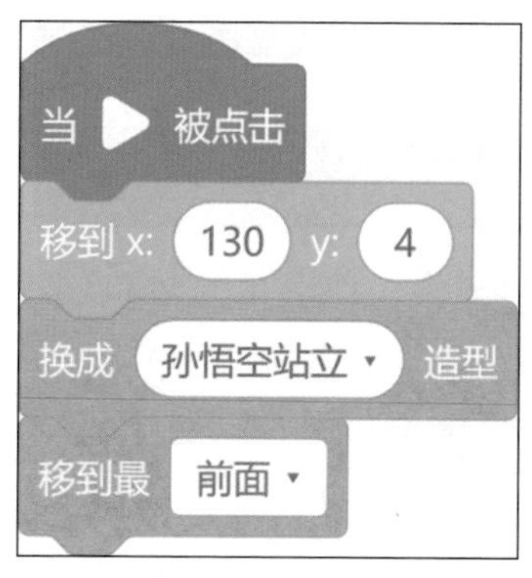

图 4-7　孙悟空初始化代码

2. 点击孙悟空后跟随鼠标移动

在“大闹天宫”中，我们完成过同样的效果，这段代码以后会经常使用。

1）将鼠标移至“事件”类积木中，找到积木 当角色被点击 并拖曳到编程区。

2）在“控制”类积木中找到 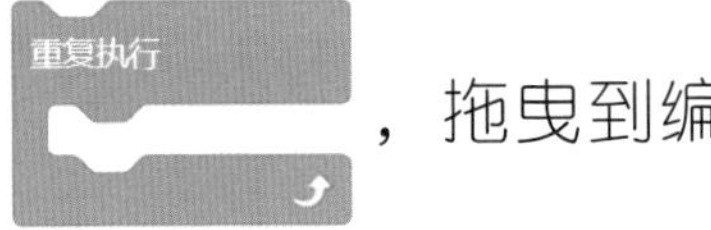 ，拖曳到编程区，拼接在 当角色被点击 这块积木下，如图 4-8 所示。

图 4-8　拖曳重复执行积木

3）在“动作”类积木中找到积木 移到 随机位置 拖曳到

重复执行 的内部，点击 移到 随机位置 中的白色椭圆，在下拉列表中选择“鼠标指针”，如图 4-9 所示。

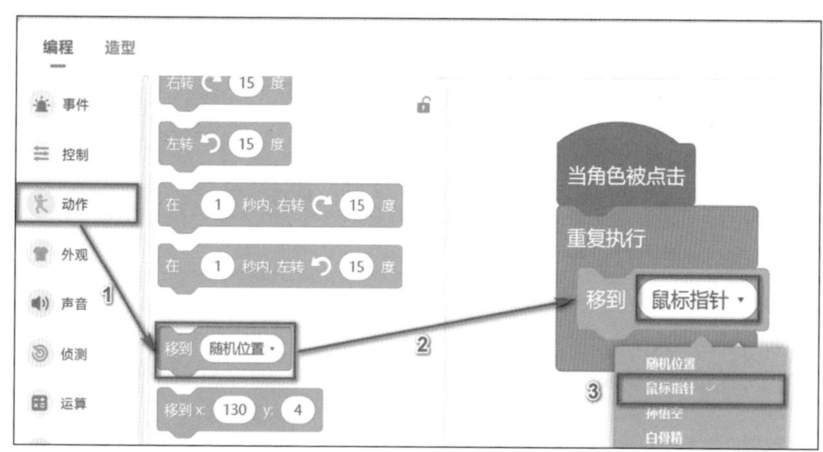

图 4-9 “孙悟空跟随鼠标指针移动效果”代码

这个步骤所需要的代码就全部完成了。但是孙悟空还不能挥棒打白骨精，现在继续进行步骤 3。

3. 孙悟空根据是否碰到白骨精改变造型

如果孙悟空碰到白骨精就抡棒，否则保持站立造型。该判断需要从程序开始运行时进行，所以将继续在步骤 1 的代码后编程。

由于判断需要一直进行，所以需要用到“重复执行”命令。在重复执行中，孙悟空根据是否碰到白骨精来进行造型切换。

1）在“控制”类积木中，找到积木，拼接到 移到最 前面 下面，如图 4-10 所示。

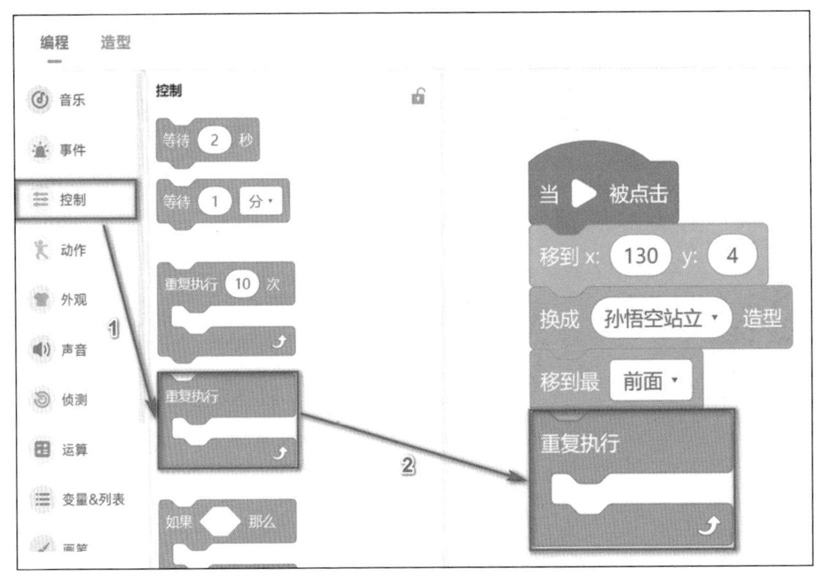

图 4-10　拼接重复执行积木

2）在“控制”类积木中，找到积木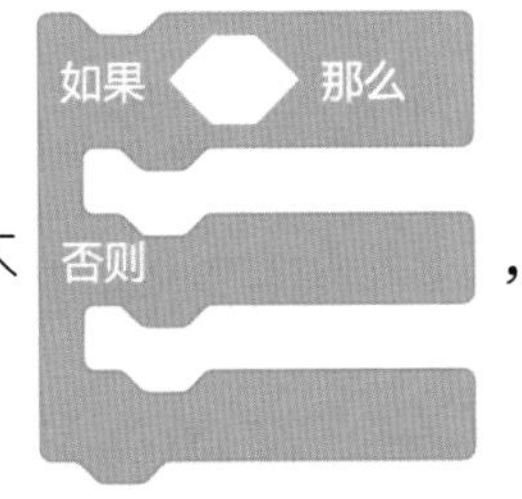，放到内部，如图 4-11 所示。

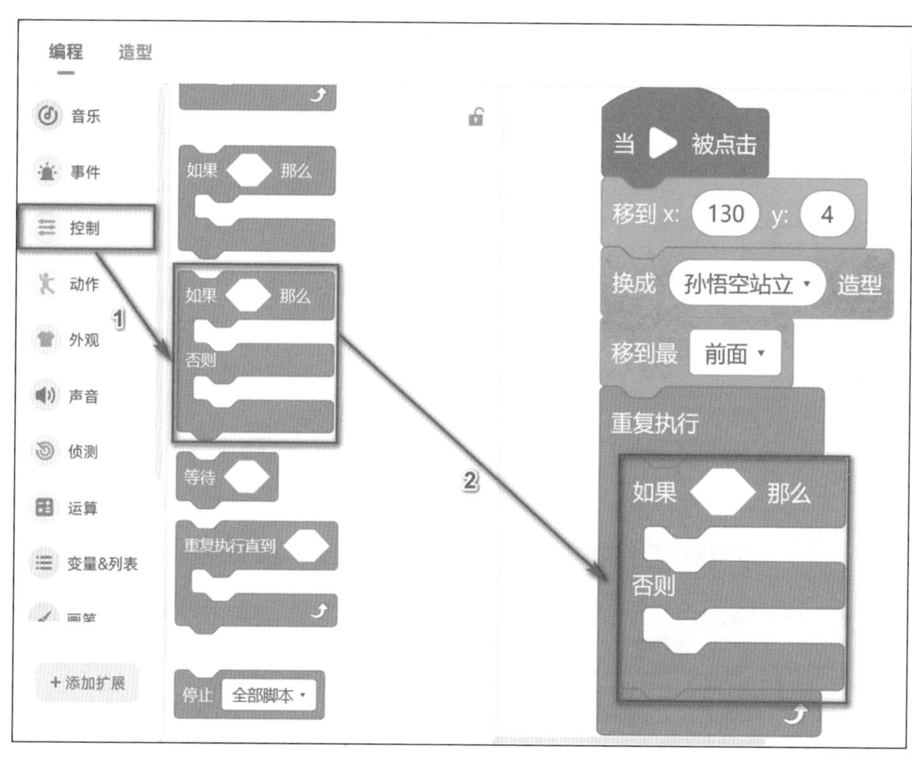

图 4-11　实现重复执行和分支的嵌套

3）写明判断条件。在“侦测”类积木块中，找到积木 碰到 舞台 ? ，拖曳到“如果”后面的六边形判断框中，点击白色椭圆“舞台”，在下拉列表中选择“白骨精”，如图 4-12 所示。

4）填写不同判断条件下需要执行的积木指令。如果碰到了白骨精，孙悟空的造型切换为“抡棒造型”，需要使用“外观”类的积木 换成 孙悟空抡棒 造型；否则孙悟空仍然保持“站立造型”，用到的是“外观”类的积木 换成 孙悟空站立 造型。

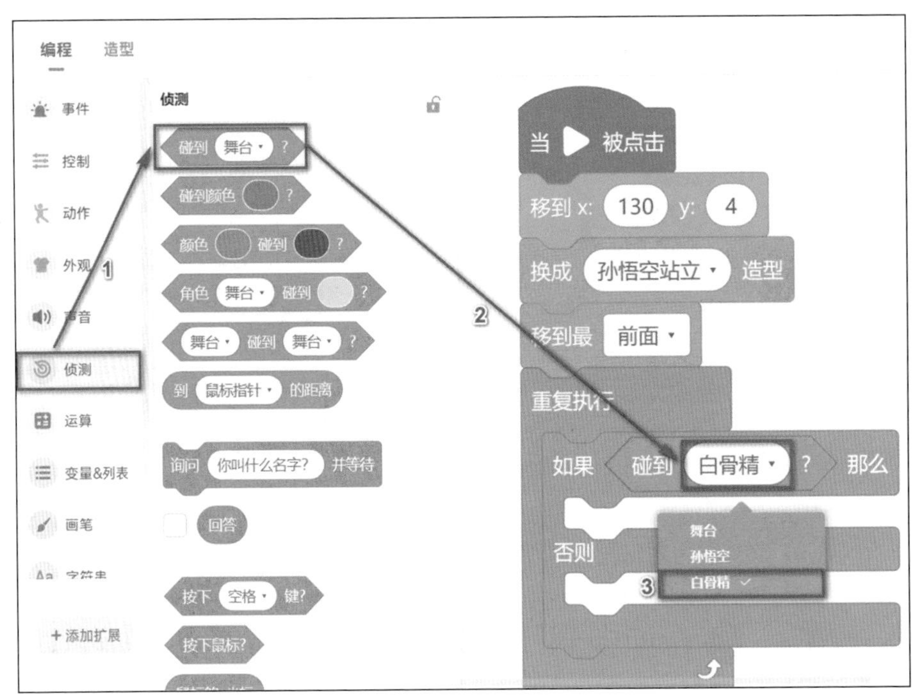

图 4-12　侦测碰到白骨精

至此，就完成了孙悟空的所有代码，如图 4-13 所示。

接下来，继续完成白骨精的代码搭建。

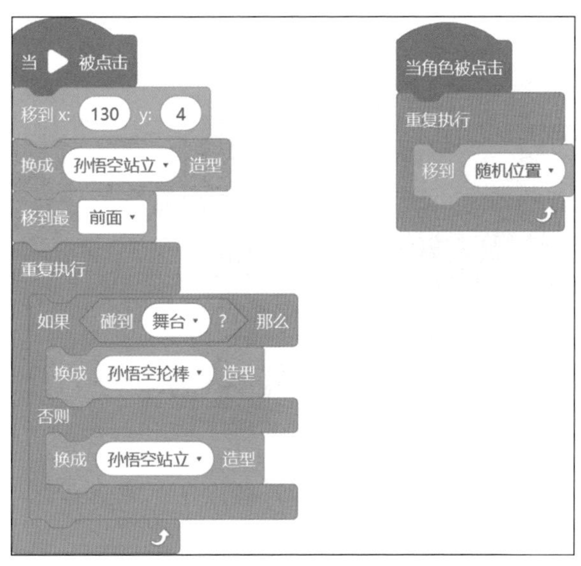

图 4-13　孙悟空的完整代码

4. 白骨精的初始化

1）点击角色背景区的“白骨精”图标，对白骨精角色进行代码搭建。将鼠标移至“事件”类积木中，找到积木 当 ▶ 被点击 并拖曳到编程区，如图 4-14 所示。

2）在“动作”类积木中，找到积木 移到 x: -77 y: -22 拖曳到编程区 当 ▶ 被点击 下方，拼接起来。这时 x，y 的值已经自动更新为舞台中白骨精位置的坐标值。

第 4 章　三打白骨精

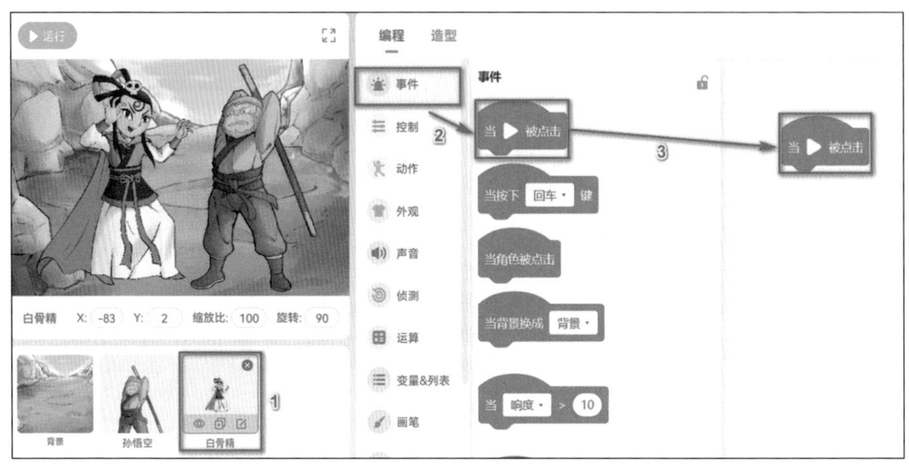

图 4-14　拼接当“运行被点击”事件积木

3）在“外观”类积木中，找到积木 换成 白骨精 造型 拼接到上述积木下方。如果积木块中的文字不是“白骨精”，点击白色椭圆，在造型列表中选择“白骨精”。

这样就完成了白骨精的初始化代码搭建，如图 4-15 所示。

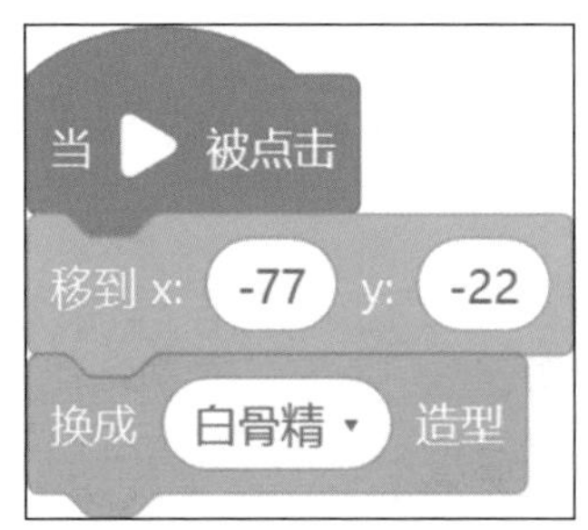

图 4-15　白骨精初始化代码

5. 白骨精碰到孙悟空变回原形

无论白骨精呈现哪个造型，只要碰到孙悟空，就变成白骨精原形造型。该判断需要从程序开始运行时进行，所以可以在刚拼接好的积木块后继续进行搭建。同样由于这个判断需要一直进行，所以我们需要用到“重复执行”命令。在重复执行中，白骨精如果碰到孙悟空则进行造型切换。

1）在“控制”类积木中，找到积木

，拼接到 换成 白骨精 造型 下面，如图 4-16 所示。

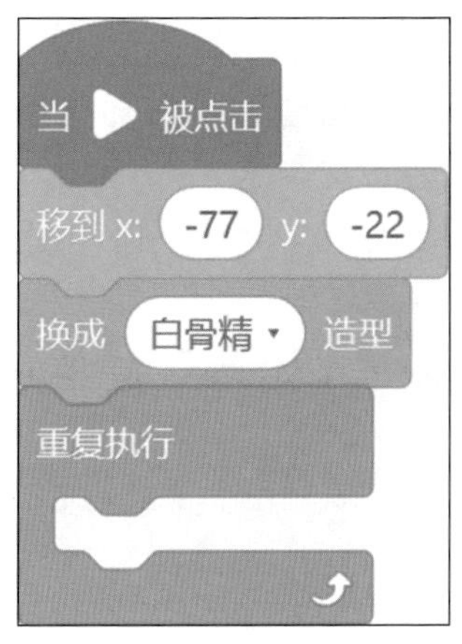

图 4-16　拼接重复执行积木块

2）在“控制”类积木中，找到积木，放到里，如图 4-17 所示。

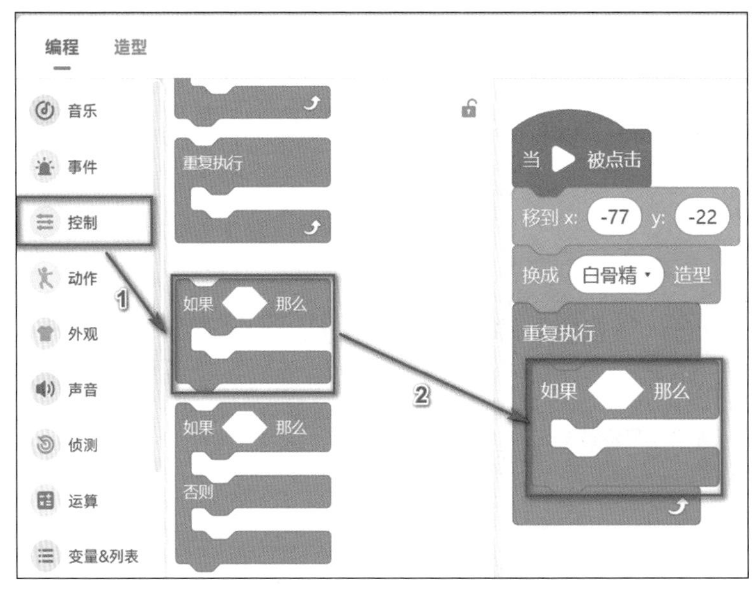

图 4-17　实现重复执行和分支的嵌套

3）写明判断条件。在“侦测”类积木块中，找到积木，拖曳到“如果”后面的六边形判断框中，点击白色椭圆“舞台”，在下拉列表中选择“孙悟空”，如图 4-18 所示。

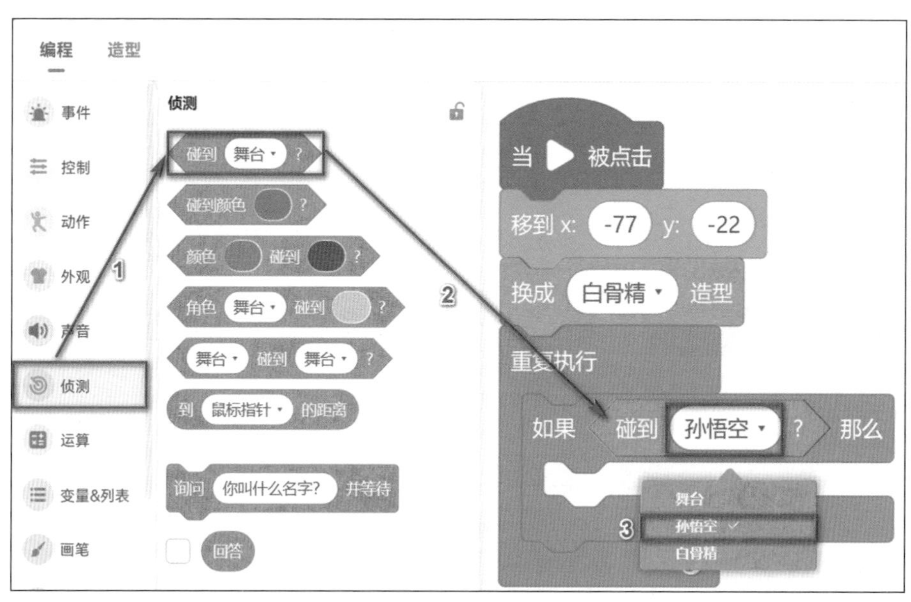

图 4-18　侦测碰到孙悟空

4）填写满足判断条件后需要执行的积木指令。如果白骨精碰到了孙悟空，会切换为“白骨精”造型，用到的是“外观”类的积木 换成 白骨精 造型 。将其放到

积木的内部。

6. 利用键盘按键实现白骨精三次造型变换

1）按下键盘〈1〉键后，白骨精切换到“村姑”造型。

①将鼠标移至“事件”类积木中，找到积木 当按下 回车 键，拖曳到编程区，将“回车”修改为“1”。

②在“外观”类积木中，找到积木 换成 老公公 造型，拼接到 当按下 1 键。将“老公公”修改为“村姑”，如图 4-19 所示。

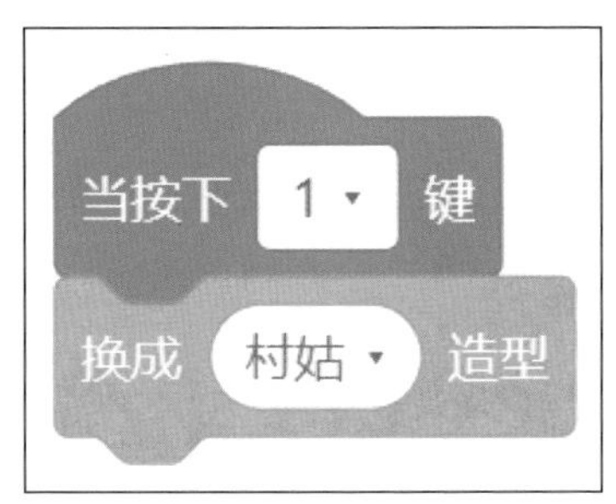

图 4-19　实现按下键盘〈1〉键后换成村姑造型的代码

2）按照同样的方法，实现其他两次变形：按下键盘〈2〉键后，白骨精切换到“老婆婆”造型；按下键盘〈3〉键后，白骨精切换到“老公公”造型。

这样就搭建好了白骨精的所有代码，如图 4-20 所示。

当完成了所有的编程创作，点击左上角的 ▶运行 按钮，故事动画效果出现。这时查看是否和演示程序一致。

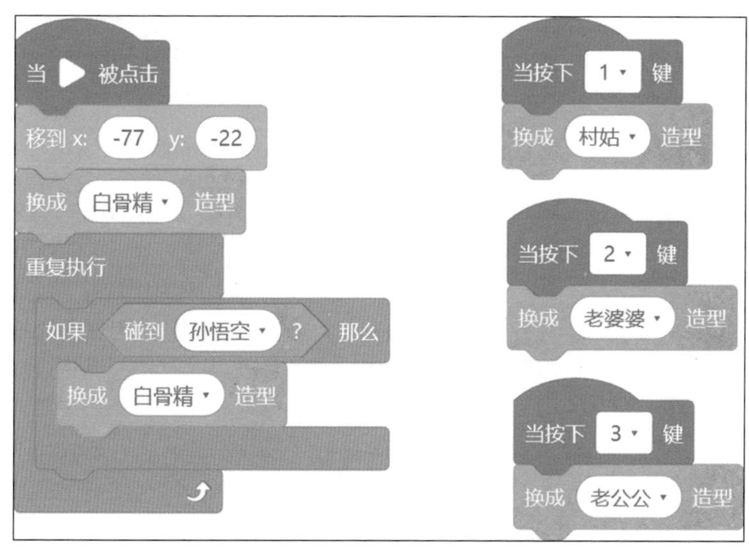

图 4-20　白骨精的完整代码

4.4.3　动动手：保存作品

按照所熟悉的方式，将这个新作品继续导出到电脑中的编程创作专属文件夹中。

4.5 理一理：编程思路

三打白骨精的编程思路如图 4-21 所示。

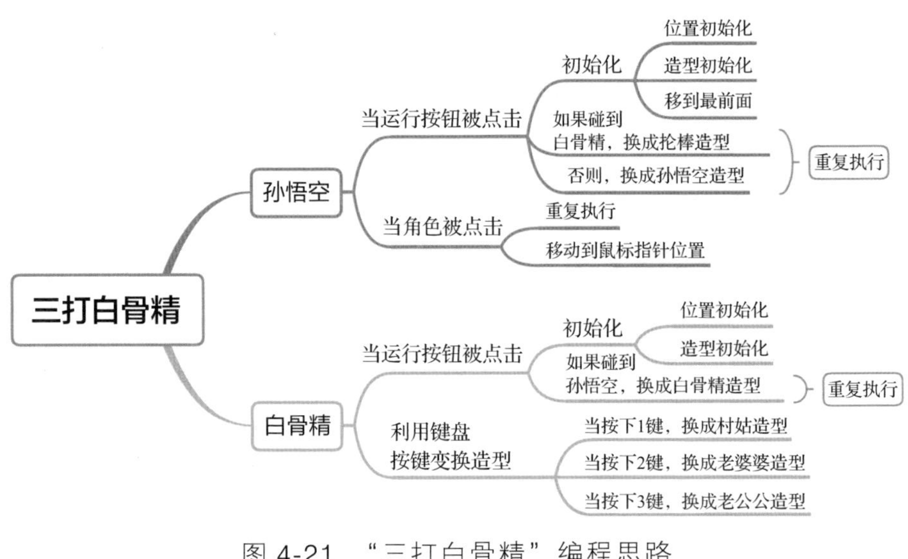

图 4-21 “三打白骨精”编程思路

4.6 学做小小程序员

通过“三打白骨精”的作品创作，我们获得了分支结构、侦测碰到角色、循环与分支结构嵌套等图形化编程创作的基本知识与技能，如表 4-1 所示。

表 4-1 “三打白骨精”作品创作中的主要编程知识及能力等级对应

知识点	知识块	CCF 编程能力等级认证
分支结构	三大基本结构	GESP 一级
侦测碰到角色	侦测与控制	GESP 一级
循环与分支结构嵌套	三大基本结构	GESP 一级

1. 分支结构（编程能力等级 GESP 一级）

分支结构的执行顺序不是严格按照语句出现的物理顺序，而是依据一定的条件选择执行命令。如图 4-22 所示，其中六边形区域是判断框，需要嵌入判断条件，根据判断条件是否满足而执行不同的命令。分支结构包括单分支、双分支和多分支，还可以形成嵌套分支。

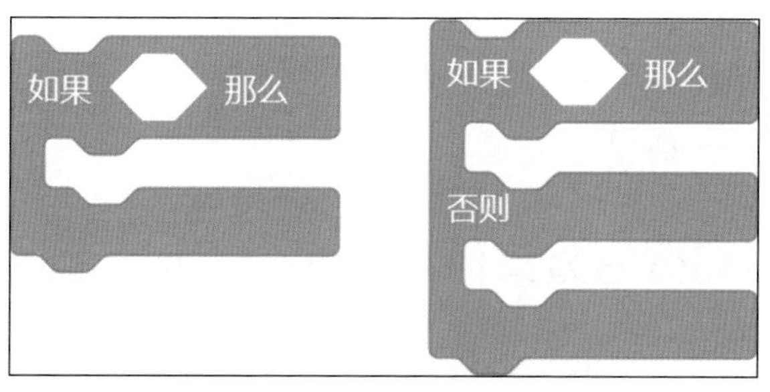

图 4-22　分支结构

“三打白骨精”作品中，既包括单分支，又包括双分支结构。

“如果白骨精碰到孙悟空，那么换成白骨精造型”是单分支结构。判断“白骨精碰到孙悟空”是否成立，如果成立则执行“切换白骨精造型”。“如果孙悟空碰到白骨精，换成抡棒造型，否则换成站立造型”是双分支结构，如果“孙悟空碰到白骨精”条件成立，那么就执行“换成抡棒造型”，否则执行“换成站立造型”。

2. 侦测碰到角色

“侦测”类积木像侦察兵一样帮助我们监控舞台或者角色发生了什么。利用“侦测”类积木中的 碰到 舞台 ？，可以侦测是否碰到了舞台或者某个角色。可以利用“侦测”类积木作为分支结构的判断条件。

3. 循环与分支结构嵌套

将循环结构与分支结构嵌套，可以实现分支结构的重复执行。

如图 4-23 所示，可以重复执行：如果碰到孙悟空条件成立，就换成“白骨精”造型。

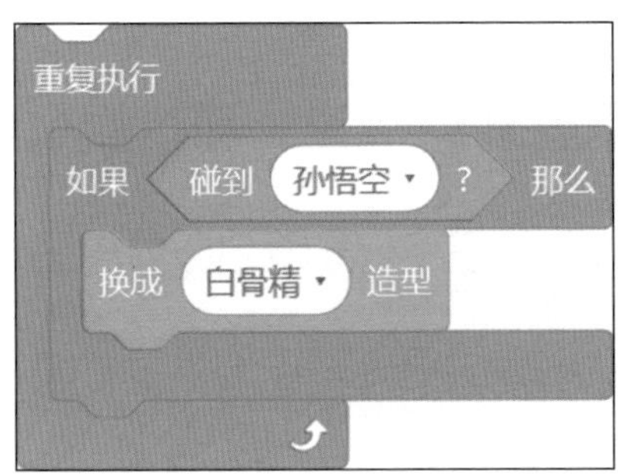

图 4-23　循环与单分支结构条件判断

如图 4-24 所示，可以重复执行：如果孙悟空碰到白骨精，换成抡棒造型，否则换成站立造型。

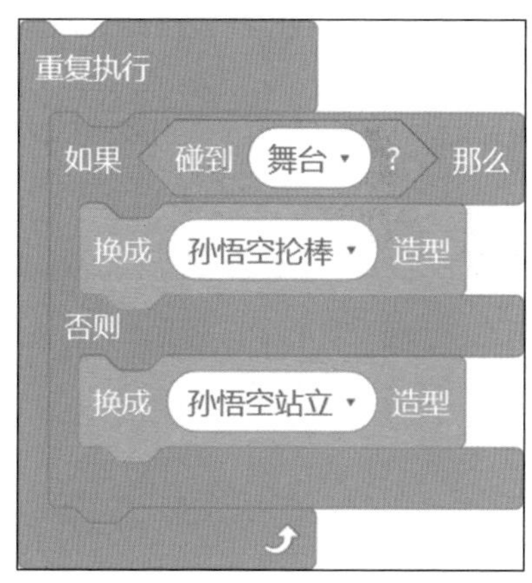

图 4-24 循环与双分支结构条件判断

4.7 走近信息科技

在“三打白骨精”的故事中，孙悟空只有碰到白骨精，才会换成“孙悟空抡棒”的造型。也就是，计算机需要根据给定的信息先判断再做出选择。像这样的问题，就应用了程序三种基本控制结构之一的分支结构。

日常生活中我们经常会应用分支结构解决问题。早上出门之前，查看一下天气预报今天是否下雨，如果下雨就带伞出门，这是单分支；在过马路时，要先观察一下红绿灯，如果是绿灯就可以直接通过，如果是红灯就要等一会再通过，这是双分支；我们根据课程表准备好每节课的课本，这是多分支。

用计算机解决实际应用问题，常常需要分支结构，我们来看两个例子：

1. 根据身份证号输出省级行政区域信息

在大学生管理系统的学生信息中身份证号是必填项。由于身份证号中前两位数字表示所在省级行政区域的代码，因此省级行政区域信息可以根据身份证号前两位进行自动填充。如图 4-25 所示，如果前两位的数字是“11”，那么将公民的省级行政区域填写为“北京市”；如果前两位的数字是“12”，那么将公民的省级行政区填写为“天津市”；如果前两位的数字是“13”，那么将公民的省级行政区域填写为“河北省”，以此类推。

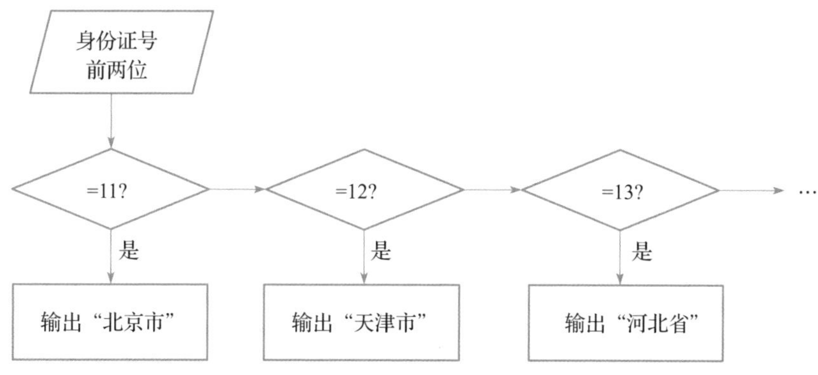

图 4-25　根据身份证号前两位判断省级行政区域信息

2. 根据图像识别输出车牌号

在公路四通八达的今天，车牌自动识别系统已经非常常见。一方面，车牌自动识别系统可以协助车辆管控，甚至是识别并捕获违法车辆信息；另一方面，车牌自动识别系统可以使车辆收费管理更加便捷。车牌自动识别系统的整体工作过程可以简单描述为：首先，当检测到车辆后，系统开始采集当前的车辆行驶视频图像并从中定位出车牌位置；其次，系统进一步精确定位车牌中的字符区域，提取单个字符，并去除其他多余部分；再次，逐个分析分割后的字符特征形成表达式，再通过分类判别函数和分类规则，与字符数据库模板中的标准字符表达形式进行匹配，识别 0 ～ 9 之间的数字、A ～ Z 之间的字母，或者是其他字符图像；最后，将车牌识别的结果以文本格式输出。该过程中多次运用了分支结构。

利用分支结构解决问题，离不开对可选条件的分析。利用计算机实现分支结构并进行自动化处理，可以提升解决问题的质量和效率。

第 5 章

义激美猴王

易穷则变，变则通，通则久，是以“自天祐之，吉无不利”。

——《周易·系辞下》

5.1 讲故事

孙悟空离开后，师徒三人继续前行。他们来到宝象国，遇到了妖精黄袍怪。然而，猪八戒、沙僧都不是黄袍怪的对手。黄袍怪施展妖法，将唐僧变做老虎囚禁笼中，沙僧被擒，猪八戒逃回馆驿。白龙马伪装成宫女刺杀黄袍怪受伤，无计可施时求猪八戒到花果山寻回孙悟空。

猪八戒来到了花果山，被一窝猴子抓住后送到了孙悟空跟前。猪八戒将黄袍怪的事情经过仔细说了一遍，并请求孙悟空帮忙。

猪八戒说："望哥哥念往日之情，千万去救人。"

孙悟空说："你们怎么不告诉妖魔，说我老孙是大徒弟？”

猪八戒闪过一个念头，他想：请将不如激将！

于是，猪八戒说：“我不说你还好，说了你后，妖怪更是嗤之以鼻。还说要扒了你的皮、抽了你的筋、啃了你的骨头。”

孙悟空说：“哪个妖怪敢这样骂我？”

猪八戒说：“哥哥息怒，是黄袍怪，我特意学给你听……”

孙悟空说：“贤弟，我本来不想去。既然是妖精骂我，我这就和你同去。”

孙悟空和猪八戒打跑了黄袍怪，却不知他跑到哪里去了。于是孙悟空去天界求助，这才得知黄袍怪是奎木狼星下凡作乱，现已被召回天庭。孙悟空用法术将唐僧变了回来，师徒二人重归于好。

5.2 看程序

扫描二维码，按以下方法操作，可以看到本案例的呈现效果。

1）点击 ▶运行 按钮，启动程序。

2）按下键盘〈1〉键，猪八戒说：“望哥哥念往日之情，千万去救人。”

3）按下键盘〈2〉键，孙悟空说：“你们怎么不告诉妖魔，说我老孙是大徒弟？”

4）按下键盘〈3〉键，猪八戒闪过一个念头，他想“请将不如激将！”接着说：“我不说你还好，说了你后，妖怪更是嗤之以鼻。还说要扒了你的皮、抽了你的筋、啃了你的骨头。”

5）按下键盘〈4〉键，孙悟空说：“哪个妖怪敢这样骂我?”

6）按下键盘〈5〉键，猪八戒说：“哥哥息怒，是黄袍怪，我特意学给你听。”

7）按下键盘〈6〉键，孙悟空说：“贤弟，我本来不想去。既然是妖精骂我，我这就和你同去。”

每次说话前角色的嘴巴是紧闭的，说话中张口，说完话嘴巴闭合。

5.3 学设计

这个程序有孙悟空、猪八戒 2 个角色，其中孙悟空和猪八戒都包括张嘴、不张嘴两个造型。

这个程序的实现，包括 2 个功能模块，分别是“猪八戒说话”“孙悟空说话”。

1. 猪八戒说话及思考

1）猪八戒在舞台的初始位置，并且呈现不张嘴造型。

2）当按下键盘〈1〉键后，切换为张嘴造型，播放声音“望哥哥念往日之情，千万去救人”，之后将造型切换为猪八戒不张嘴。

3）当按下键盘〈3〉键后，猪八戒思考“请将不如激将”，之后切换为张嘴造型，并播放声音“我不说你还好，说了你后，妖怪更是嗤之以鼻。还说要扒了你的皮、抽了你的筋、啃了你的骨头。”之后将造型切换为不张嘴。

4）当按下键盘〈5〉键后，切换为张嘴造型，播放声音“哥哥息怒，是黄袍怪，我特意学给你听”，之后将造型切换为不张嘴。

2. 孙悟空说话

1）孙悟空在舞台的初始位置，并且呈现不张嘴造型。

2）当按下键盘〈2〉键后，切换为张嘴造型，播放声音“你们怎么不告诉妖魔，说我老孙是大徒弟”，之后将造型切换为不张嘴。

3）当按下键盘〈4〉键后，切换为张嘴造型，播放声音“哪个妖怪敢这样骂我”，之后将造型切换为不张嘴。

4）按下键盘〈6〉键，切换为张嘴造型，播放声音“贤弟，我本来不想去。既然是妖精骂我，我这就和你同去”，之后将造型切换为不张嘴。

5.4 编写程序

若想实现“猪八戒说话”“孙悟空说话”2 个功能模块的功能，具体方法如下。

5.4.1 动动手：布置舞台

准备好本章所需资源“案例 5- 义激美猴王”文件夹。通过导入“义激美猴王 基础案例 .ppg”文件，布置好舞台背景，增加孙悟空和猪八戒两个角色，如图 5-1 所示。

图 5-1　舞台效果图

5.4.2　动动手：搭积木

按如下流程操作，完成“义激美猴王”的积木搭建。

1. 猪八戒角色初始化

1）在角色背景区，选择“猪八戒”角色图标，切换为对猪八戒的程序编写。

2）在“事件”类积木中，找到积木 当 ▶ 被点击 并拖曳至编程区。

3）在“动作”类积木中，拖曳积木 移到 x: 186 y: -50，拼接到 当 ▶ 被点击 下方。

4）在“外观”类积木中，拖曳积木 换成 猪八戒不张嘴 ▾ 造型 进行拼接。如果造型名称不是“猪八戒不张嘴”，记得点击白色椭圆修改。猪八戒的位置和造型初始化程序如图 5-2 所示。

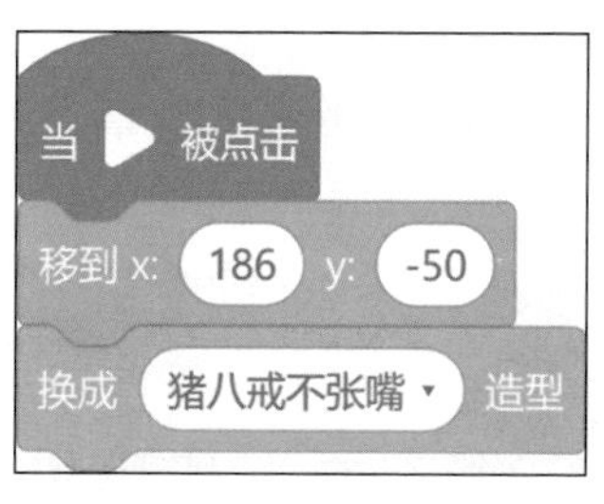

图 5-2　猪八戒初始代码

2. 当按下〈1〉〈3〉〈5〉键后，猪八戒进行对话

1）实现按下键盘〈1〉键后，猪八戒第一次对话。

①在“事件”类积木中，找到积木 当按下 回车 ▾ 键 并拖

曳到编程区，将“回车”修改为下拉列表中的“1”，如图 5-3 所示。

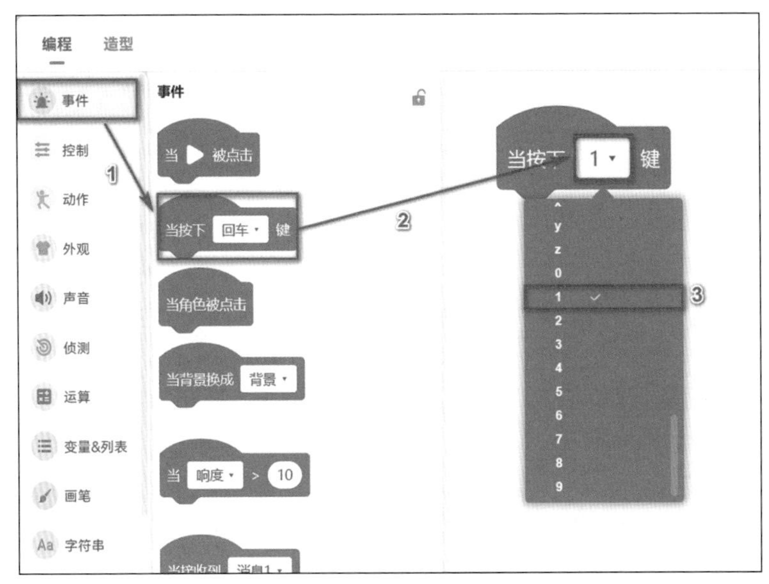

图 5-3　拼接运行事件

②在“外观”类，找到 换成 猪八戒张嘴 造型 ，拖曳到编程区，拼接到 当按下 1 键 下方。如果拖曳的积木不是“猪八戒张嘴”造型，点击白色椭圆进行造型名称修改，如图 5-4 所示。

③在“声音”类积木中，拖曳 播放声音 猪八戒1 等待播完 ，拼接到造型变换积木的下方，如图 5-5 所示。

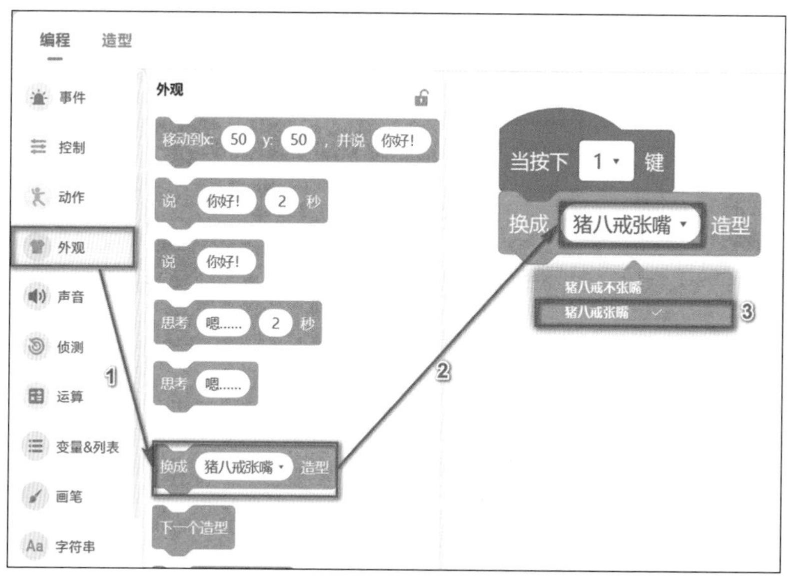

图 5-4　猪八戒切换造型

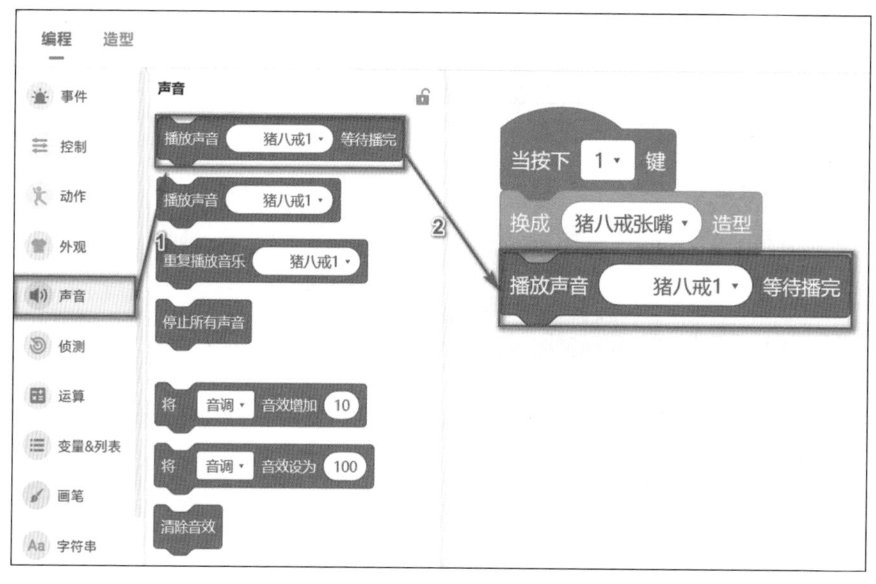

图 5-5　猪八戒播放声音

④用鼠标点击 播放声音 猪八戒1 等待播完 中的白色椭圆，会出现已经导入好的音频文件下拉列表，选择“猪八戒1”。选择好后，积木块变为 播放声音 猪八戒1 等待播完 。仔细观察会发现选择了播放声音文件后的积木块，白色椭圆中删除了“猪八戒 1”之前的空格，如图 5-6 所示。

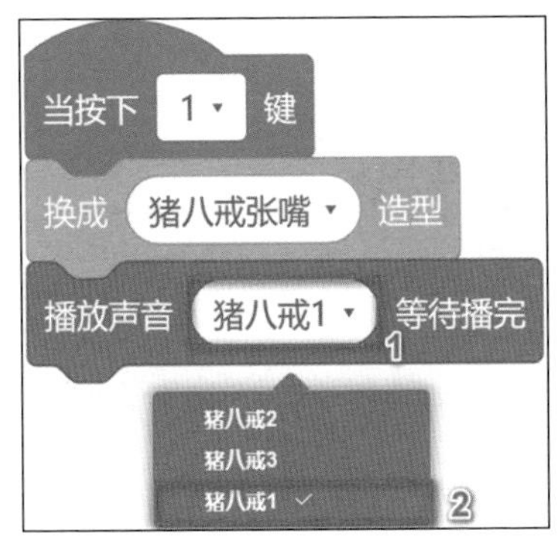

图 5-6 选择音频

⑤在“外观”类积木，找到 换成 猪八戒张嘴 造型 ，拖曳到编程区，拼接到 播放声音 猪八戒1 等待播完 下方，将角色的造型修改为“猪八戒不张嘴”。

这就形成了猪八戒第一次对话的完整积木，如图 5-7 所示。

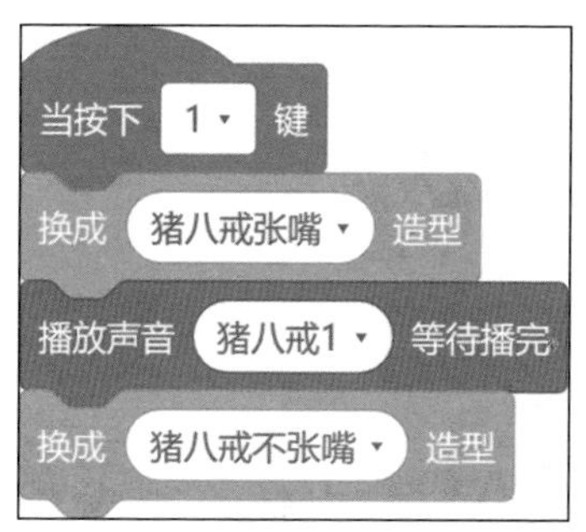

图 5-7　猪八戒第一次对话完整代码

2）实现按下键盘〈3〉键后，猪八戒第二次对话。

这次对话和第一次对话的实现方法是一样的，但是增加了用文字显示思考内容“请将不如激将！”这一次，我们采取“复制”的方法代替从头搭建类似积木，然后再增加思考文本。

①将鼠标移至上述代码位置，单击鼠标右键，弹出菜单，如图 5-8 所示。

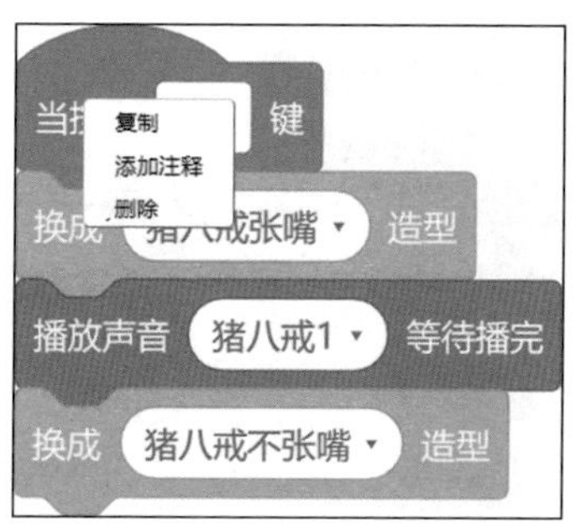

图 5-8　单击鼠标右键后弹出菜单

②选择其中的“复制”命令，会发现出现一组新的积木，如图 5-9 所示。

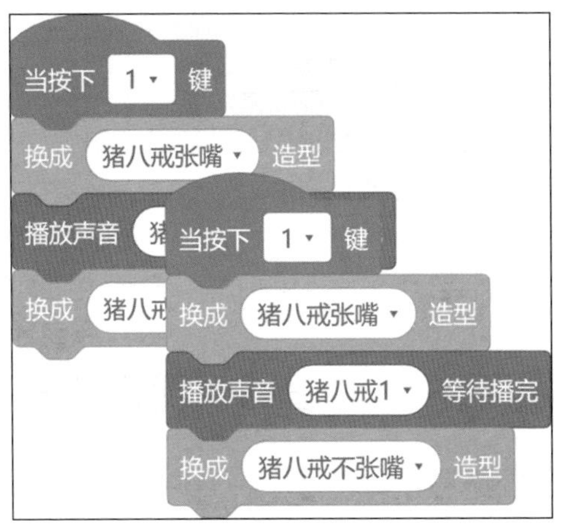

图 5-9　复制出同样的代码

③将新复制的积木块移动到与其他积木不重合的位置，将按键“1”修改为按键“3”，将声音文件修改为“猪八戒 2”，如图 5-10 所示。

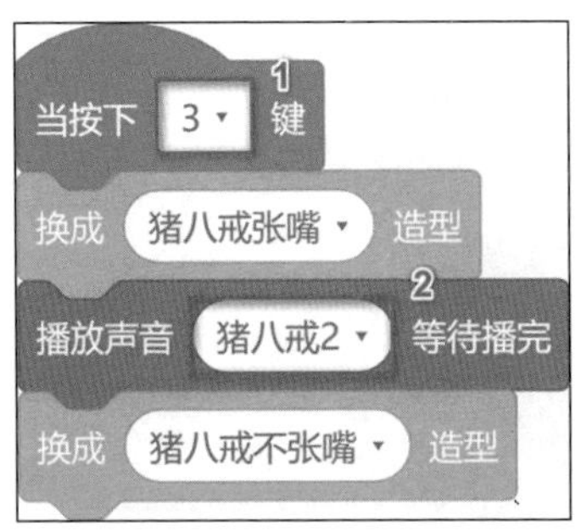

图 5-10　修改已复制代码

④增加思考积木块。在“外观”类积木中找到 思考 嗯…… 2 秒，拖曳到编程区 当按下 3 键 下方，并将“嗯……”修改为“请将不如激将！”，如图 5-11 所示。

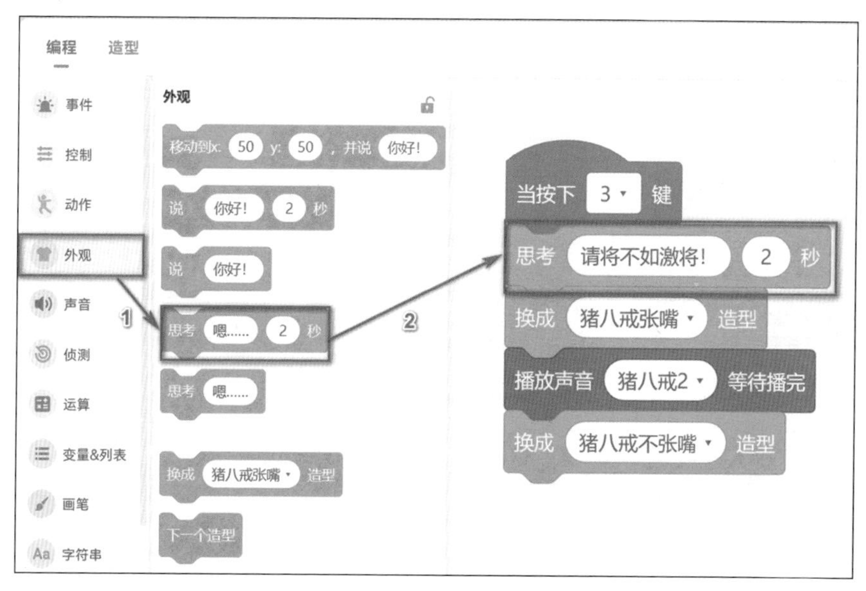

图 5-11　加入思考代码

3）实现按下键盘〈5〉键后，猪八戒第三次对话。

继续采取“复制”的方法实行积木搭建。

①选择实现第一次对话的积木组，单击鼠标右键，在弹出菜单中选择“复制”命令。

②将新复制的积木组移动到与其他积木不重合的位

置，将按键“1”修改为按键“5”，声音文件修改为“猪八戒 3”。

到目前为止，猪八戒拥有了 3 段有关对话的代码，如图 5-12 所示。

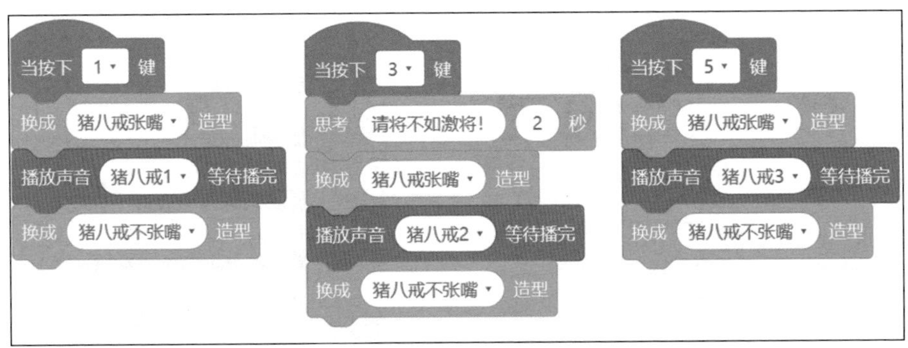

图 5-12　猪八戒三次对话代码

3. 孙悟空的初始化

1）选择角色背景区的“孙悟空”图标，在“事件”类积木中，找到积木 当 ▶ 被点击 拖曳至编程区。

2）在“动作”类积木中，拖曳积木 移到 x: -128 y: 101 拼接到 当 ▶ 被点击 下方。

3）在“外观”类积木中，拖曳积木 换成 孙悟空不张嘴 造型进行拼接。如果造型名称不是“孙悟空不张嘴”，记得点击白色椭圆修改造型名称。

这样就完成了孙悟空的位置和造型初始化，如图 5-13 所示。

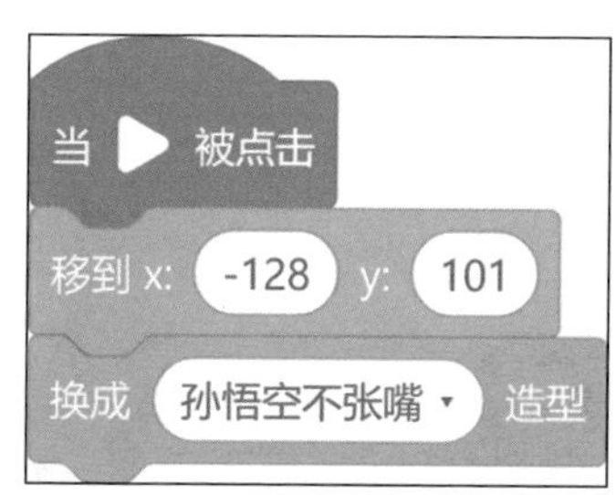

图 5-13　孙悟空初始化代码

4. 当按下〈2〉〈4〉〈6〉键后，孙悟空进行对话

1）实现按下键盘〈2〉键后，孙悟空第一次对话。

①在角色背景区，选择“孙悟空”角色图标，如图 5-14 所示。

图 5-14　选择孙悟空角色

②将鼠标移至“事件”类积木中，找到积木 当按下 回车 键 并拖曳到编程区，将“回车”修改为“2”，如图 5-15 所示。

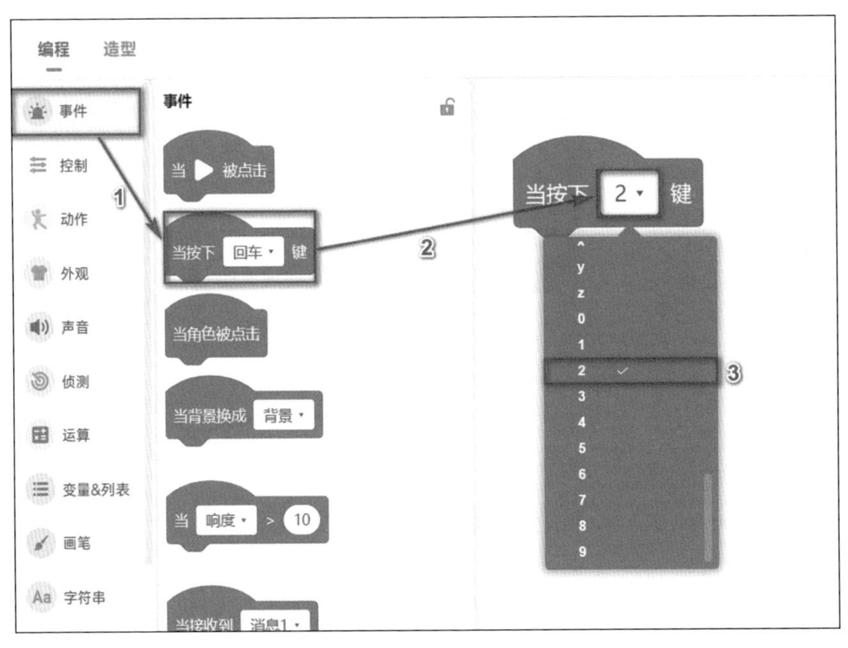

图 5-15 拼接运行事件

③在“外观”类，找到 换成 孙悟空张嘴 造型，拖曳到编程区，拼接到 当按下 2 键 下方。如果造型名称不是“孙悟空张嘴”，点击白色椭圆将造型名称修改为“孙悟空

张嘴”。

④在“声音”类积木中，拖曳 播放声音 孙悟空3 等待播完 ，拼接到造型变换积木的下方，如图 5-16 所示。

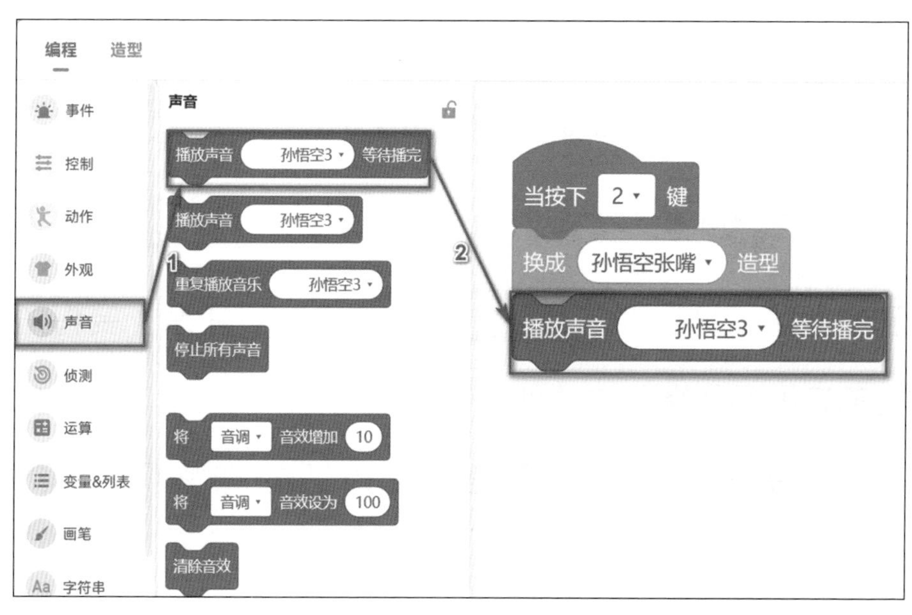

图 5-16　孙悟空播放声音

⑤用鼠标点击 播放声音 孙悟空3 等待播完 中的白色椭圆，会出现已经导入好的音频文件下拉列表，选择“孙悟空1”。选择好后，积木块变为 播放声音 孙悟空1 等待播完 ，如图 5-17 所示。

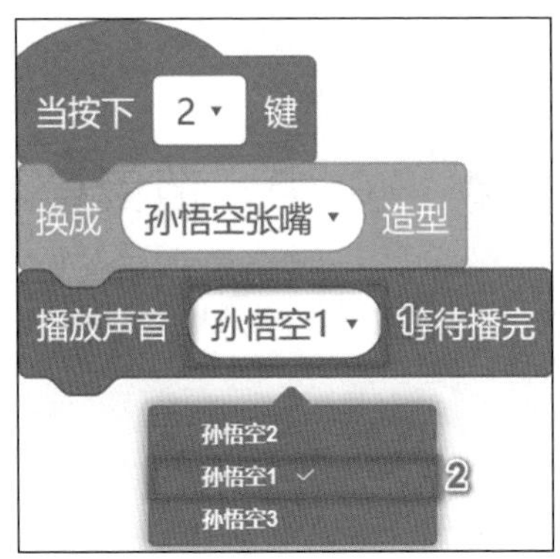

图 5-17 选择播放声音

⑥在“外观”类积木中，找到 换成 孙悟空不张嘴 造型 ，拖曳到编程区，拼接到 播放声音 孙悟空1 等待播完 下方。注意，要将角色的造型名称修改为“孙悟空不张嘴”。

这就形成了孙悟空第一次对话的完整积木，如图 5-18 所示。

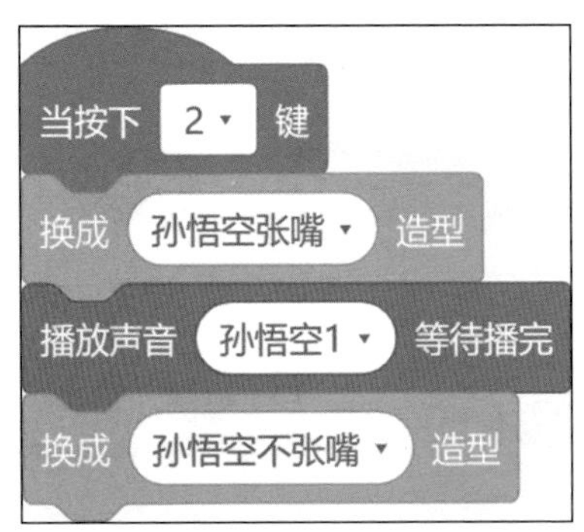

图 5-18 孙悟空第一次对话完整代码

2）采取“复制”的方式，分别实现按下键盘〈4〉〈6〉键后，孙悟空的对话过程。

具体操作可以参考猪八戒说话代码中“复制”方法的实现步骤，但是不要忘记修改按键及声音。

有关孙悟空的对话代码一共有 3 段，需要认真核对按键和播放声音文件是否与下图一致，如图 5-19 所示。

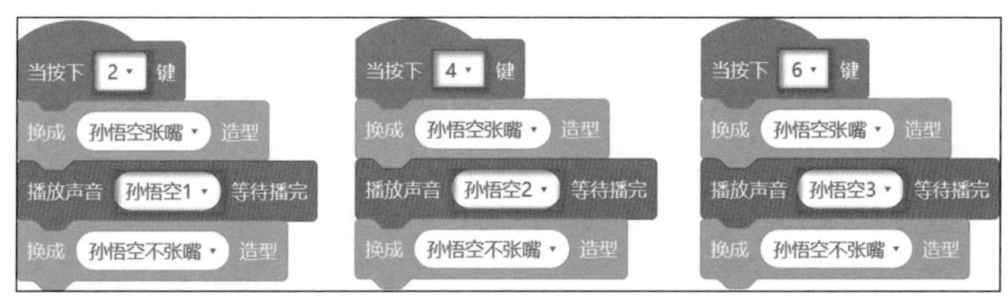

图 5-19　孙悟空三次对话代码

当完成了所有的编程创作，点击左上角的 ▶运行 按钮，故事动画效果出现。这时可查看是否和演示程序一致。

5.4.3　动动手：保存作品

按照所熟悉的方式，将这个新作品继续导出到电脑中的编程创作专属文件夹中。

5.5 理一理：编程思路

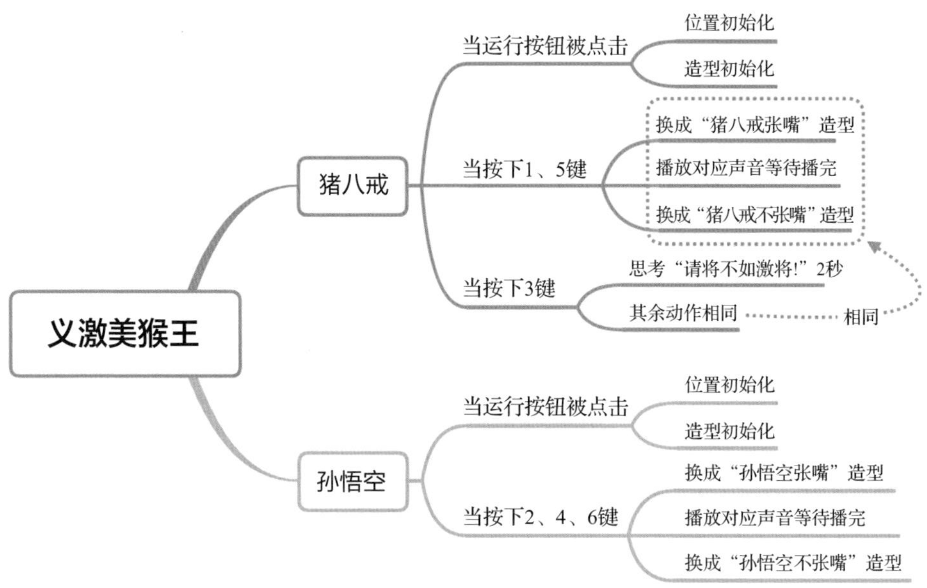

图 5-20 “义激美猴王”编程思路

5.6 学做小小程序员

通过“义激美猴王”的作品创作，可以获得角色思考、播放声音 / 播放声音等待播完、复制与粘贴等图形化编程创作的基本知识与技能，如表 5-1 所示。

表 5-1 “义激美猴王”作品创作中的主要编程知识及能力等级对应

知识点	知识块	CCF 编程能力等级认证
角色思考	角色的操作	GESP 一级
播放声音（等待播完）	角色的操作	GESP 一级

1. 角色思考

思考 嗯…… 思考 嗯…… 2 秒 均属于“外观”类积木，能够让角色通过显示文字体现思考内容。角色思考与角色说话在显示效果上有所区别，如图 5-21、图 5-22 所示。另外，像 思考 嗯…… 2 秒 这种带有时间设定的积木，可以让角色在显示文字后等待一段时间再执行后续指令。

图 5-21 “角色说话”效果

图 5-22 “角色思考”效果

2. 播放声音 / 播放声音等待播完

为角色、舞台添加的音乐、语音、噪音都属于“声音”类的内容。可以选择平台资源库中原有的音乐，也可以通过上传本地文件、录音等方式来插入音频，达到想要的效果。

播放声音（ ）、播放声音（ ）等待播完、重复播放音乐（ ）都属于“声音”类的积木，其作用均是播放指定声音或添加的音乐。不同的是播放声音（ ）是在声音开始播放的同时执行后续指令；播放声音（ ）等待播完是在声音播放完毕后再执行后续指令；重复播放音乐 是无限循环播放某段音乐。除此之外，可以使用积木对声音进行编辑，如音调与左右平衡的调制、音量的大小等，如图 5-23 所示。

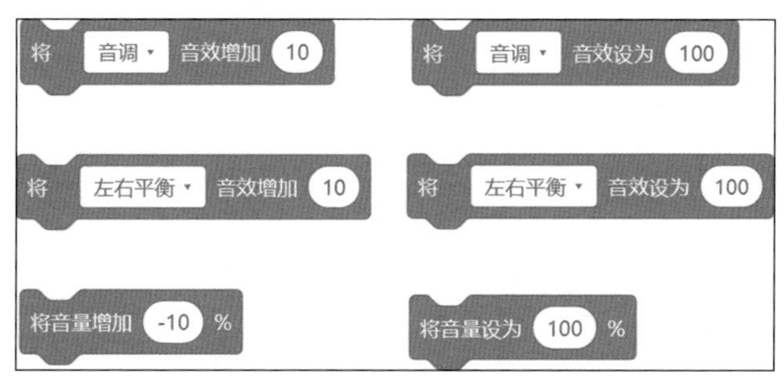

图 5-23　声音编辑积木

3. 复制与粘贴

在本次创作中，我们还学习了“复制与粘贴”这一技巧。复制也称拷贝，复制能够生成一份一模一样的信息，原文件依然保留在原处。粘贴是指在进行复制的操作后，被复制的文件、文本可以通过粘贴的操作出现在其他位置。复制与粘贴功能通常成对使用，复制产生在粘贴之前，只有复制后的内容才可以进行粘贴。

5.7 走近信息科技

从“七十二变”开始编程创作，到今天的“义激美猴王”，我们完成了 5 个程序作品，这些程序给我们展示了“数字作品”的多样性。

如果你细心观察，会发现生活中有各式各样的数字作品。公交或者地铁上的数字电视中，引人深思的环境保护公益宣传片，是用视频形式呈现的数字作品；繁花似锦的春天，摄影爱好者为多姿多彩的花儿拍摄的照片，是用图片形式呈现的数字作品；音乐播放器里，婉转动听的歌声，是用音频形式呈现的数字作品；互联网上体现中国传统文化的网站，是用网页形式呈现的数字作品；阅读器中，引人共鸣的文学作品，是用文字呈现的数字作品；甚至你喜欢看的动画、电影，其实都是数字作品。“数字化”是各类数字作品共同的特点，数字作品的制作工具是“数字化的”，比如电脑、摄影机、手机等数字设备；数字作品的呈现形式是“数字化的”，是计算机可读取的图片、音频、视频、文字、网页、程序等形式，或它们的组合。

在我们平凡的日常里，会经历许许多多事，会有丰富多彩的情感，可能是赞叹或惊奇，也可能是忧伤或欢喜，还可能是期望或欣慰。数字作品可以成为我们的时光记录册或者想象万花筒，成为我们最珍贵的记忆。

如何合理管理风格迥异、各式各样的数字作品，也是一门学问。首先，我们需要为数字作品起一个容易辨别的名字。文件 1、作品、图画，这样的名字都不可取，因为没有体现作品的具体内容；植树节作文、国庆图画，这样命名好一些，看到名称就能知道数字作品是什么；如果你在为数字作品命名时标注年份或更多细节，也是不错的选择。其次，需要为数字作品选择一个安全的“住所”。如果选择在线网盘等存储空间，一定确保计算机已安装杀毒软件及防火墙，同时妥善保管自己的网盘用户名和密码，这是数字作品能够安全存储的基本保障。最后，需要对数字作品分类管理。可以想想自己整理衣物的方法，我们会将袜子放到一格抽屉、内衣放到一格抽屉，上衣挂在一起，裤子挂在一起……管理数字作品时可以在文件夹中嵌套文件夹，建立层次清晰、命名直观的各级文件目录，合理管理数字作品文件，如图 5-24 所示。

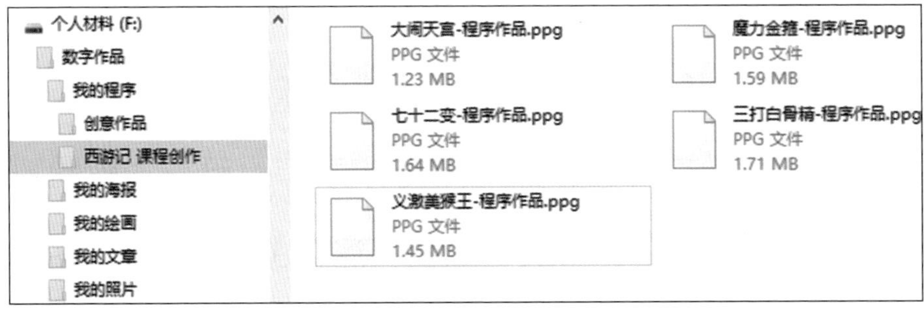

图 5-24　利用文件夹管理数字作品

管理数字作品，不仅是为了存储当前数字作品，更是为了方便以后查找。因此，我们需要以合理的组织方式建立文件夹，更需要养成合理命名数字作品、及时保存和整理数字作品的好习惯。

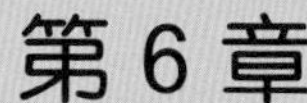

第6章

智斗金银角

攻人以谋不以力，用兵斗智不斗多。

——《准诏言事上书》

6.1 讲故事

这天，唐僧师徒取经来到了平顶山附近，这平顶山中有个莲花洞，住在洞里的金角大王和银角大王听说吃了唐僧肉可以长生不老，便等在此地想要捉住唐僧。孙悟空探到情况，引猪八戒前去探路。猪八戒恰好遇到银角大王，但是他敌不过银角大王和一群小妖，被抓进洞中。随后，银角大王调来三座大山压住悟空，将唐僧、沙僧和白龙马都捉到洞中。又命令两个小妖怪拿着宝物羊脂玉净瓶和紫金红葫芦去捉孙悟空。只要把这两个宝贝底朝天倒着拿，喊谁的名字谁如果答应了，就会被收服进去，不久就可以化成脓水。

孙悟空被山神和土地救了出来，得知妖怪要来捉他，他先假扮老道骗走了两个小妖的羊脂玉净瓶和紫金红葫芦，又变成老妖怪进入洞中，寻机解救师父和师弟们。不曾想，妖怪识破了孙悟空，用老妖的幌金绳将悟空捆住，还搜走了他身上的羊脂玉净瓶和紫金红葫芦。

孙悟空挣断绳子，脱身跳到洞外，大喊："妖怪，行者孙来了！快出来！"银角大王大吃一惊，拿着紫金红葫芦出洞去打悟空。"好你个孙悟空，倒被你逃了出来！我叫你一声你敢答应，我就放了你师父！"银角大王大喊，"孙悟空！"

孙悟空忍不住答应了一声，便被收进紫金红葫芦。孙悟空控制不了自己的身体，一边旋转，一边向着葫芦方向飞去。身体越来越小，转眼间就被吸进了葫芦。为了不化为脓水，悟空只得化作小虫趴在葫芦口。在与妖怪周旋中，孙悟空急中生智，骗妖怪说自己的身体化了，在妖怪打开葫芦时趁机逃出，并再次偷走紫金红葫芦和羊脂玉净瓶。

最终，孙悟空用紫金红葫芦和羊脂玉净瓶降服了两个妖怪，解救出唐僧、八戒、沙僧和白龙马。这时，太上老君匆匆赶来，原来这两个妖怪原是太上老君看金炉、银炉的道童，因产生贪念，才下凡为妖，金、银二道童也意识到了自己的错误，愿意返回天界，继续看守丹炉。孙悟空将宝贝和两个道童送还给太上老君，师徒四人继续向西前行。

6.2 看程序

扫描二维码，按以下方法操作，可以看到本案例的呈现效果。

1）点击 ▶运行 按钮后，孙悟空在舞台前方，银角大王手拿紫金红葫芦站在山顶处，如图 6-1 所示。

图 6-1　程序的最初状态

2）用鼠标点击银角大王后，银角大王张嘴说“孙悟空！”。

3）听到银角大王说“孙悟空！”后，孙悟空答应了一声“啊”，接着就边旋转边被吸入银角大王的紫金红葫芦里。在旋转过程中，孙悟空看起来越来越小，越来越透明，直至吸进葫芦内看不到了，如图 6-2、图 6-3 所示。

图 6-2　孙悟空应答后被吸入葫芦

图 6-3　孙悟空旋转变小、逐渐透明

6.3 学设计

这个程序有孙悟空、银角大王 2 个角色，其中银角大王包括张嘴、不张嘴两个造型。

这个程序的实现，包括 3 个功能模块，分别是“银角大王叫孙悟空的名字”“孙悟空应答后被吸入葫芦”和“孙悟空旋转并逐渐变小、透明”。

1. 银角大王叫孙悟空的名字

1）当运行被点击后，银角大王在舞台右上角山顶的初始位置，呈现不张嘴造型。

2）当银角大王被点击后，换成“银角大王张嘴”造型，播放声音“孙悟空！”并等待播完，之后广播“吸入孙悟空”，换成“银角大王不张嘴”造型。

2. 孙悟空应答后被吸入葫芦

1）当运行被点击后，孙悟空在舞台左下角初始位置，面向 90 度方向，保持初始大小，呈现“显示”状态。

2）当接收到“吸入孙悟空”广播后，播放声音“啊！”并等待播完，以一定速度移动到紫金红葫芦瓶嘴位置后呈现“隐藏”状态。

3. 孙悟空旋转并逐渐变小、透明

1）当接收到“吸入孙悟空”广播后，等待一段时间。

2）重复执行如下动作：

①角色逐渐缩小；

②角色逐渐变虚；

③进行旋转。

6.4 编写程序

若想实现“银角大王叫孙悟空的名字”“孙悟空应答后被吸入葫芦”和“孙悟空旋转并逐渐变小、透明”3 个功能模块的功能，具体方法如下。

6.4.1 动动手：布置舞台

准备好本章所需资源“案例 6- 智斗金银角”文件夹。通过导入“智斗金银角 基础案例 .ppg”文件，布置好舞台背景，增加孙悟空和银角大王两个角色，如图 6-4 所示。

图 6-4 舞台效果图

6.4.2 动动手：搭积木

按如下流程操作，完成“智斗金银角”的积木搭建。

1. 银角大王初始化

在“智斗金银角”创作中，银角大王需要在程序运行中变换造型，同时也为避免不小心挪动其位置，在程序最开始运行时，先将其造型与位置进行初始化。

1）点击角色背景区的“银角大王”图标。然后将鼠标移至“事件”类积木中，找到积木 当 ▶ 被点击 并拖曳到编程区，如图 6-5 所示。

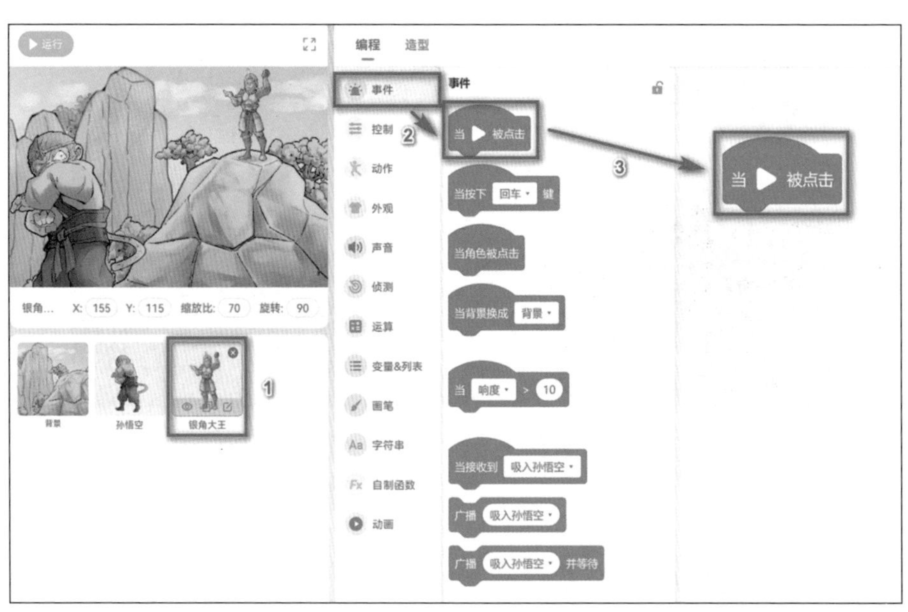

图 6-5　拼接“当运行被点击”事件积木

2）在“动作”类积木块中找到 移到 x: 155 y: 115 ，拖曳到编程区拼接在 当 ▶ 被点击 下方，如图 6-6 所示。

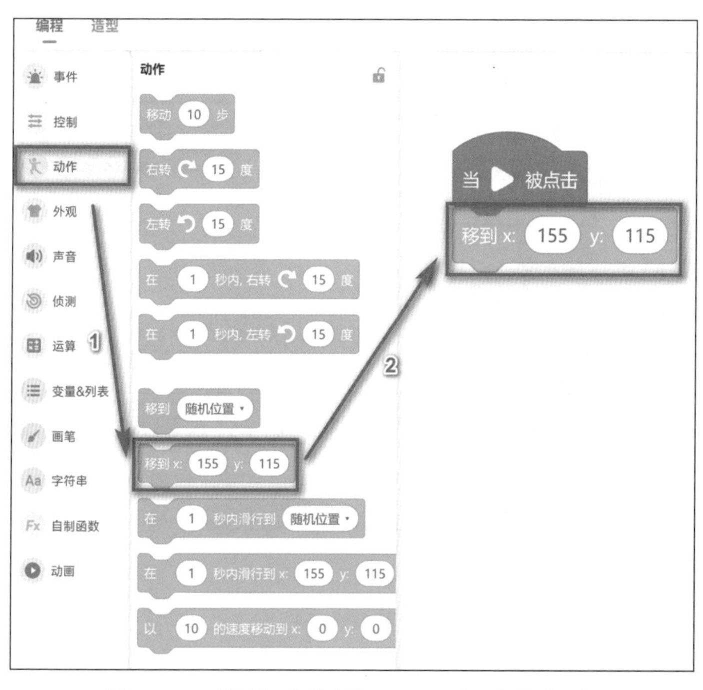

图 6-6 拼接“移到 x...y...”动作积木

3）在“外观”类积木中找到 换成 银角大王不张嘴 造型 ，核对造型的名称是“银角大王不张嘴”，或者可以点击白色椭圆，在下拉列表中选择“银角大王不张嘴”造型，如图 6-7 所示。

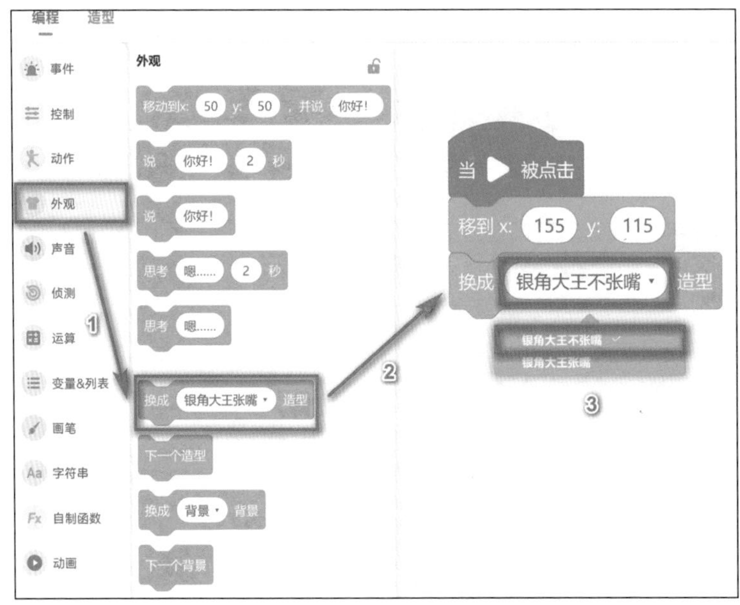

图 6-7　拼接“造型切换”外观积木

这样就完成了银角大王的初始化。

2. 银角大王叫孙悟空的名字

1）接下来搭建银角大王叫孙悟空名字的代码。首先将鼠标移至“事件”类积木中，找到积木 当角色被点击 并拖曳到编程区，如图 6-8 所示。

2）在“外观”类积木里找到 换成 银角大王张嘴 造型 ，拖曳到编程区，拼接到 当角色被点击 下方。如图 6-9 所示，核对造型名称是“银角大王张嘴”。

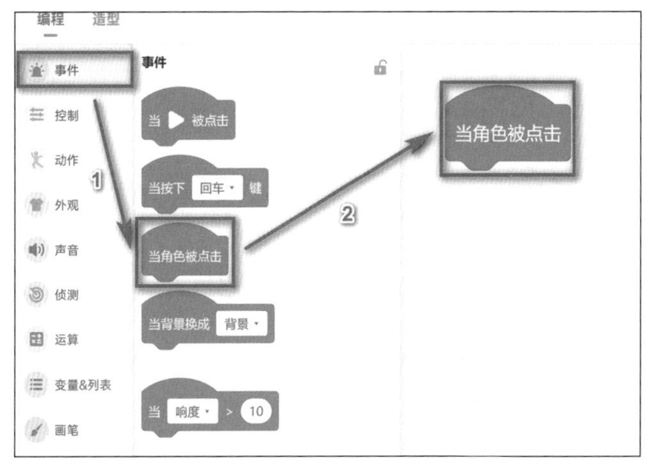

图 6-8　拼接“当角色被点击”事件积木

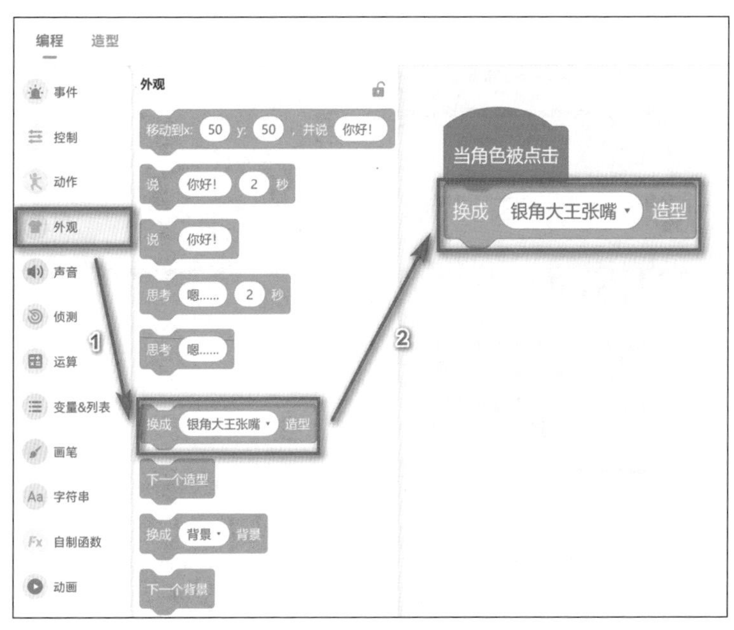

图 6-9　拼接“切换造型”外观积木

3）在“声音”类积木里找到 播放声音 孙悟空！ 等待播完 进行拼接。用鼠标点击其中的白色椭圆，会出现已经导入好的音频文件下拉列表，选择“孙悟空！”。选择好后，积木块变为 播放声音 孙悟空！ 等待播完 。如图 6-10 所示，仔细观察，你会发现和刚刚拖入的积木相比，选择了播放声音文件后的积木块，白色椭圆中文件名“孙悟空！”前删除了空格。

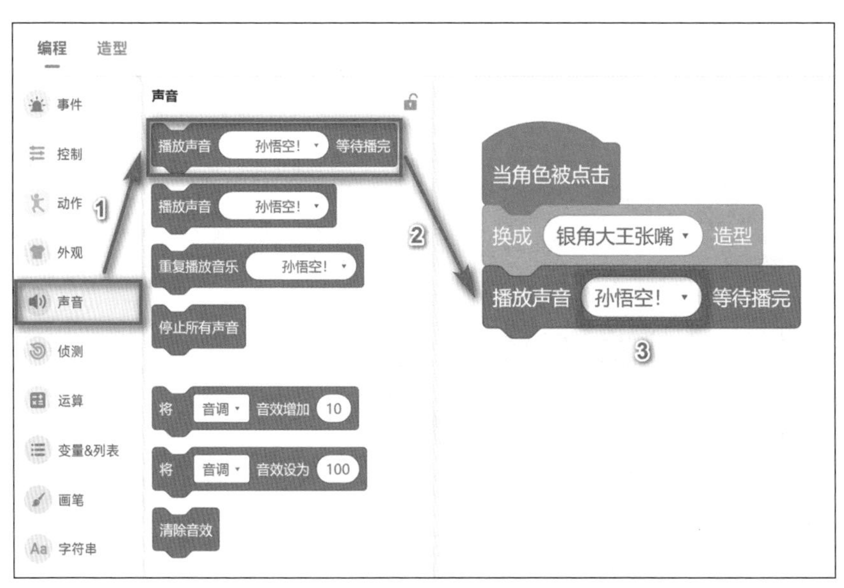

图 6-10　拼接“播放声音”声音积木

4）为银角大王增加广播积木。银角大王说完“孙悟空！”后，孙悟空就会答应并被吸入紫金红葫芦里，两个角色能够这么顺畅地完成接续动作，离不开 广播 与 当接收到 吸入孙悟空 两个积木块。

①在“事件”类积木中，找到 广播 消息1 ，将其拼接到 播放声音 孙悟空！ 等待播完 后面，如图 6-11 所示。

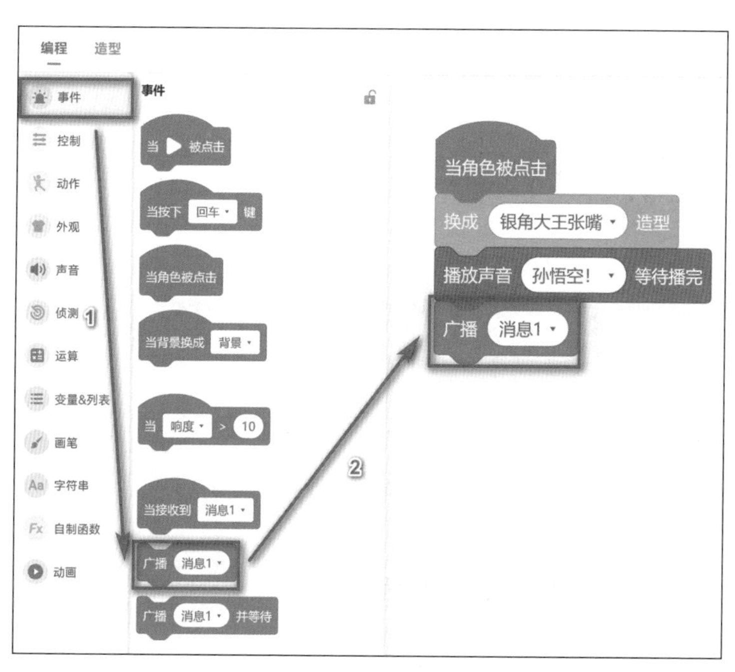

图 6-11　拼接“广播消息”事件积木

②为了能够清晰辨别这个广播积木的作用，我们可以为消息取一个名称。点击白色椭圆后，选择“新消息”

命令，如图 6-12 所示。

图 6-12　点击白色椭圆，选择“新消息”

③在所弹出的窗口中，输入消息名称，例如“吸入孙悟空”，如图 6-13 所示。

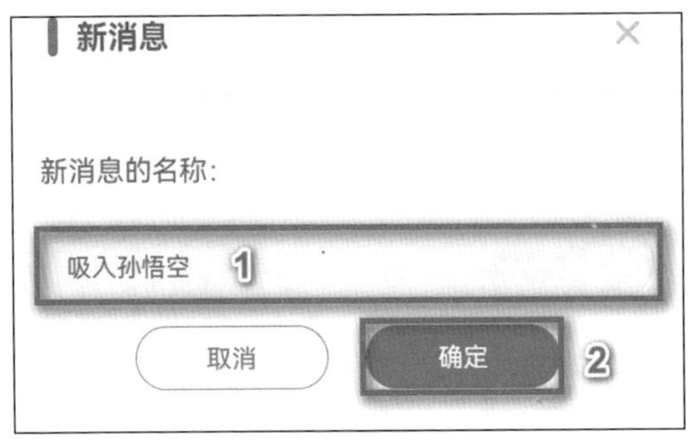

图 6-13　输入新消息名称创建消息

5）在“外观”类积木里找到 换成 银角大王不张嘴 造型 ，拖曳到编程区，拼接到 广播 吸入孙悟空 下方。

这样我们就完成了银角大王的代码搭建，如图 6-14 所示。

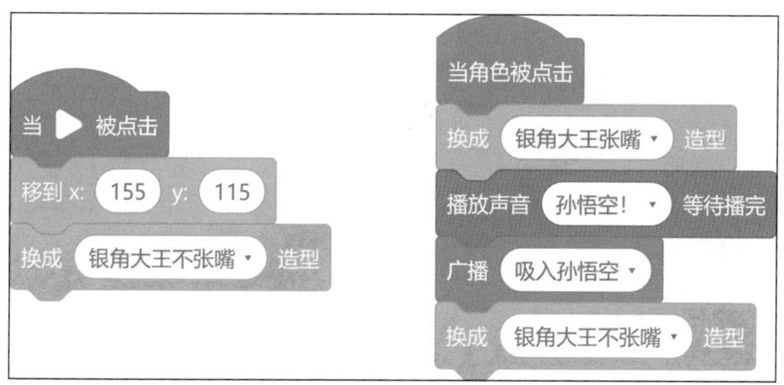

图 6-14 “银角大王”完整代码

3. 孙悟空初始化

由于要从对银角大王编程转变为对孙悟空编程，因此需要在角色背景区选择“孙悟空”图标，切换需要编程的角色，如图 6-15 所示。

图 6-15 选择角色“孙悟空”

1）将鼠标移至“事件”类积木中，找到积木 当 ▶ 被点击 并拖曳到编程区，如图 6-16 所示。

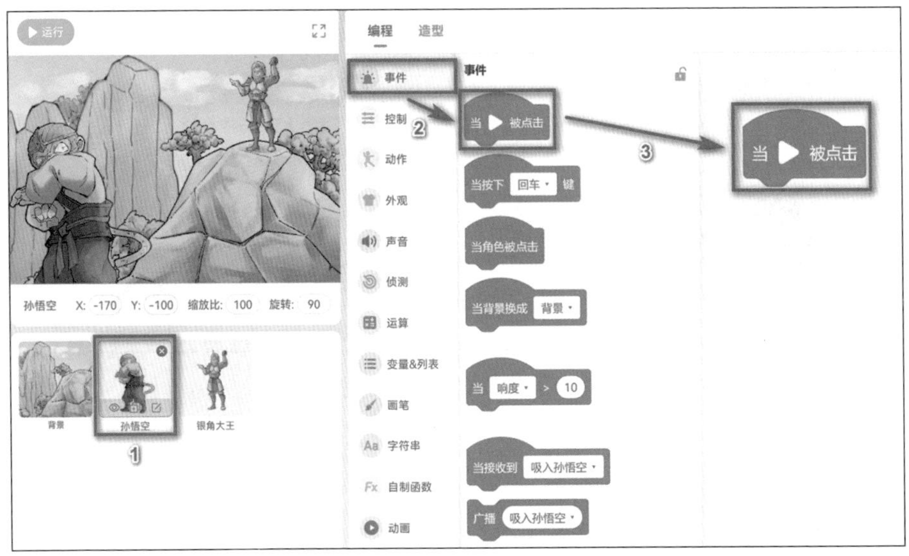

图 6-16　拼接“当运行被点击”事件积木

2）初始化孙悟空的面向方向。由于在程序执行过程中，孙悟空会不断旋转，因此每次程序开始运行时，需要对孙悟空的初始面向方向进行设置。在“动作”类积木中拖曳积木 面向 90 方向，进行拼接，如图 6-17 所示。

3）初始化孙悟空的位置。在程序执行过程中，孙悟空的位置也会不断改变，因此每次程序开始运行时，需要对孙悟空的初始位置进行设置。在“动作”类积木中拖曳积木 移到 x: -170 y: -100，继续拼接，如图 6-18 所示。

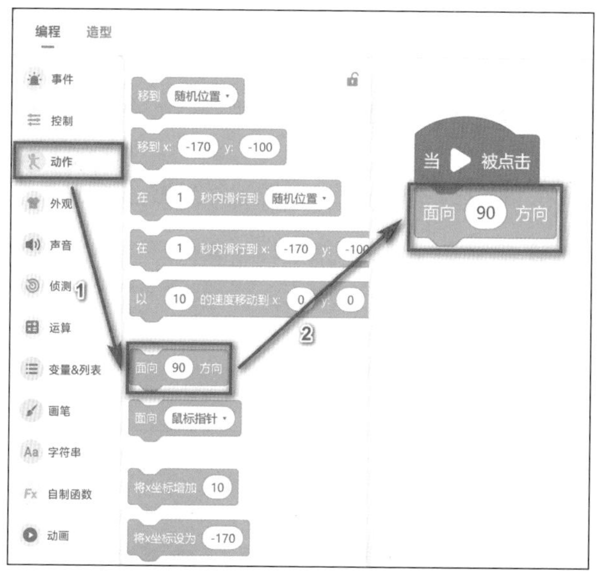

图 6-17　拼接“面向方向”动作积木

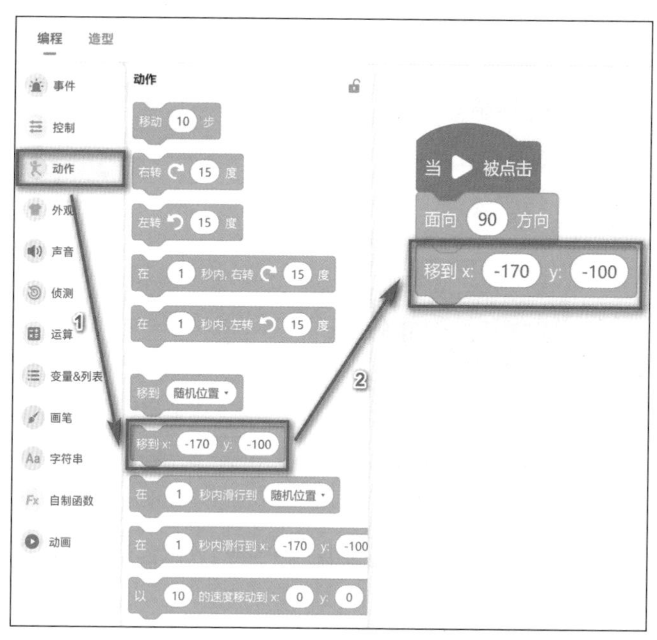

图 6-18　拼接“移到指定坐标”动作积木

4）初始化孙悟空的大小。在程序执行过程中，孙悟空会边旋转边变小，因此每次程序开始运行时需要对孙悟空的初始大小进行设置。在“外观”类积木中拖曳积木 将大小设为 100 % 到编程区，拼接到 移到 x: -170 y: -100 下方，如图 6-19 所示。

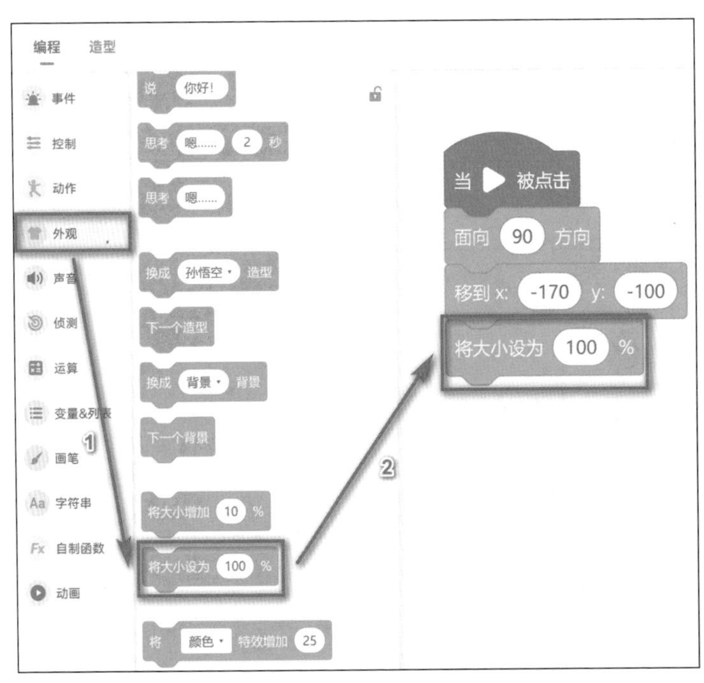

图 6-19　拼接“设置大小”外观积木

5）初始化孙悟空的可见状态。由于在程序执行到最后的时候，孙悟空会消失，因此每次程序开始运行时，需要设置孙悟空呈“显示”状态。在“外观”类积木中拖曳积木 显示 到编程区，拼接到 将大小设为 100 % 下方。

这样就完成了孙悟空的初始化，如图 6-20 所示。

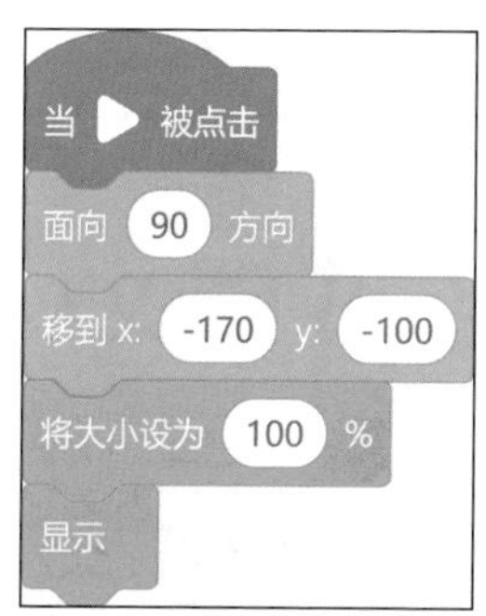

图 6-20 “孙悟空”的初始化代码

4. 孙悟空应答后被吸入葫芦

1）首先在“事件”类积木里找到 当接收到 吸入孙悟空 拖曳到编程区，如图 6-21 所示。这样，当接收到银角大王发出“吸入孙悟空”的广播消息后，会继续执行 当接收到 吸入孙悟空 后边的积木块。

2）孙悟空回应。在“声音”类积木里找到 播放声音 啊! 等待播完 进行拼接。用鼠标点击其中的白色椭圆，会出现已经导入好的音频文件下拉列表，选择“啊！”。

选择好后，积木块变为 播放声音 啊! 等待播完 ，如图 6-22 所示。

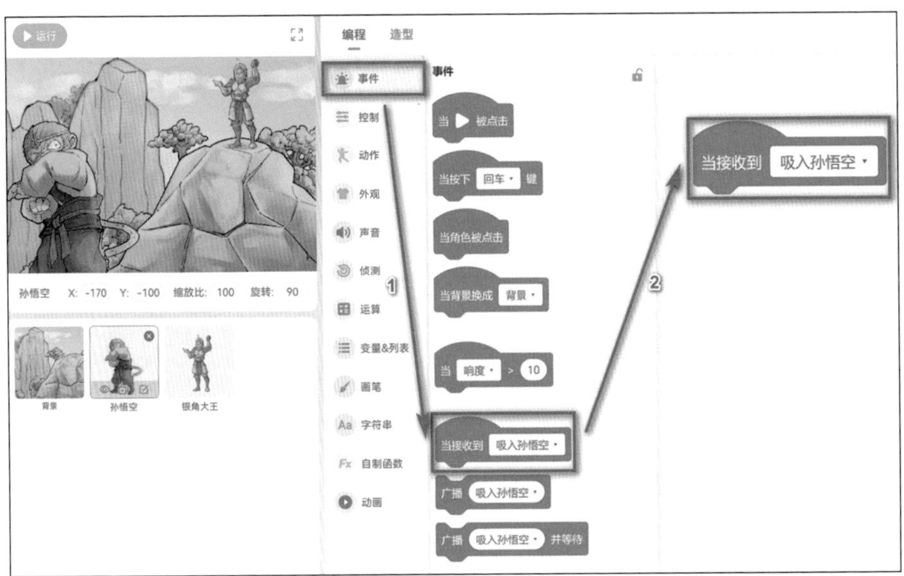

图 6-21　拼接“当接收到吸入孙悟空”事件积木

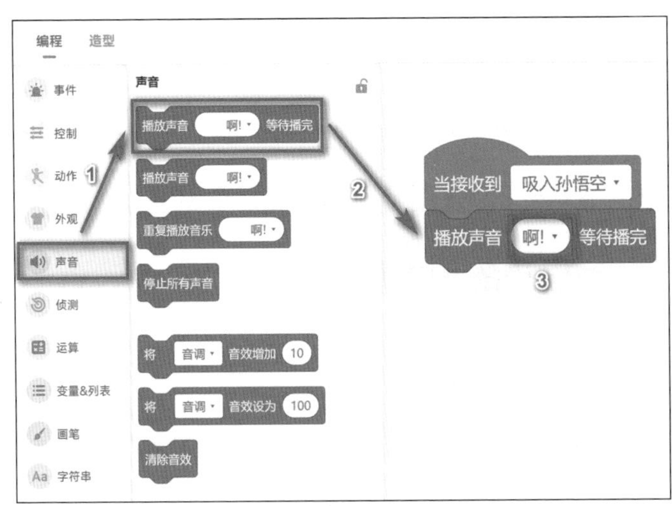

图 6-22　拼接“播放声音”事件积木

3）孙悟空移动至紫金红葫芦所在位置。在“动作”类积木里找到 以 10 的速度移动到 x: 0 y: 0 ，将“10”修改为“35”，将 x 后面的“0”修改为“178”，将 y 后面的“0”修改为“180”，修改后的 x、y 值就是葫芦嘴的坐标位置，如图 6-23 所示。可以自己设置合适的速度，让整个动画看上去更为自然。

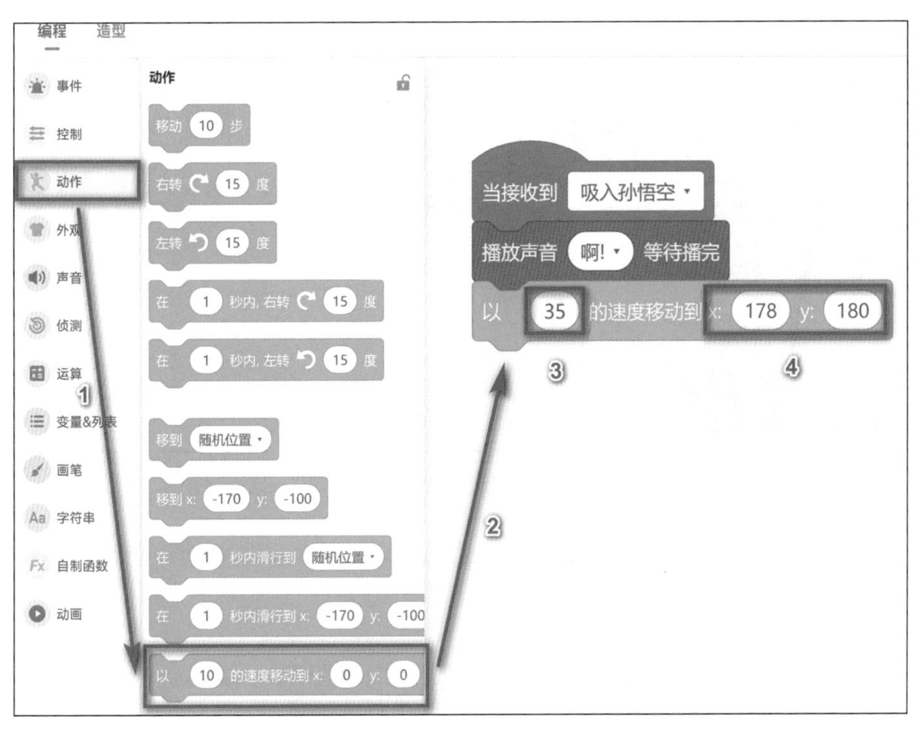

图 6-23　拼接“以一定速度移到某位置”动作积木

4）在“外观”类积木里找到 隐藏 并拖曳到编程区，拼接在上述积木块的下方，如图 6-24 所示。实现孙悟空移动到紫金红葫芦的位置后呈“隐藏”状态，在舞台上消失。

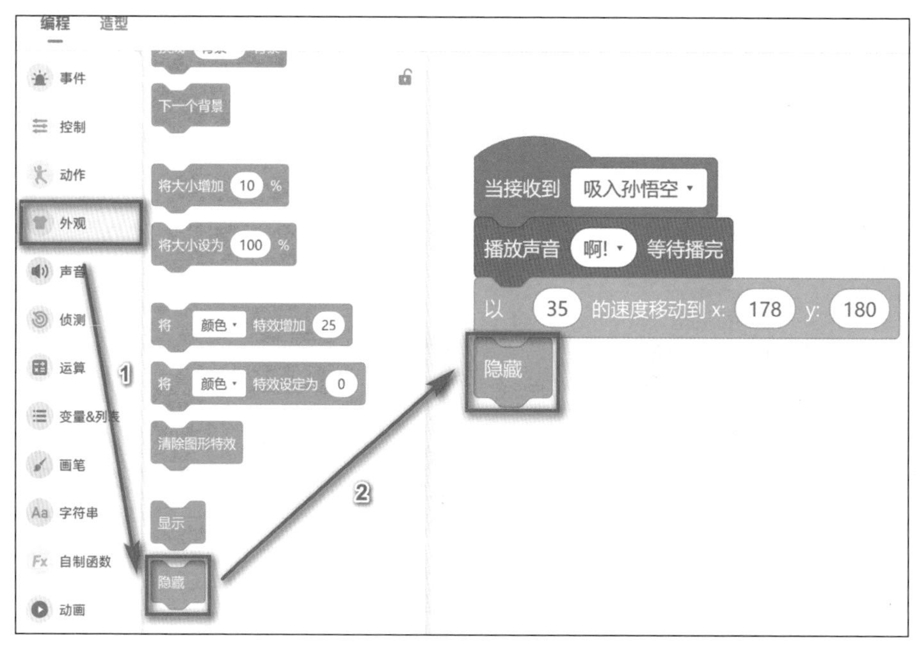

图 6-24 “孙悟空回应后被吸入葫芦”隐藏代码

5. 孙悟空旋转并逐渐变小、透明

1）在“事件”类积木里找到 当接收到 吸入孙悟空，拖曳到编程区。

2）在“控制”类积木里找到 等待 1 秒，拼接到 当接收到 吸入孙悟空 下方，将等待时间修改为“0.5”，如图 6-25 所示。

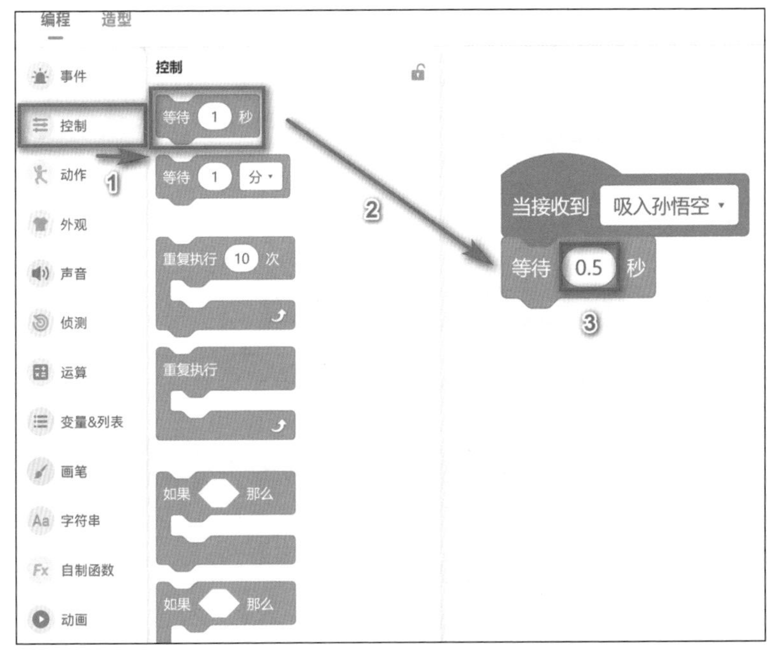

图 6-25　拼接“等待”控制积木

3）在飞往紫金红葫芦的过程中，孙悟空需要不断旋转、缩小和变透明，所以需要在“控制”类积木中找到

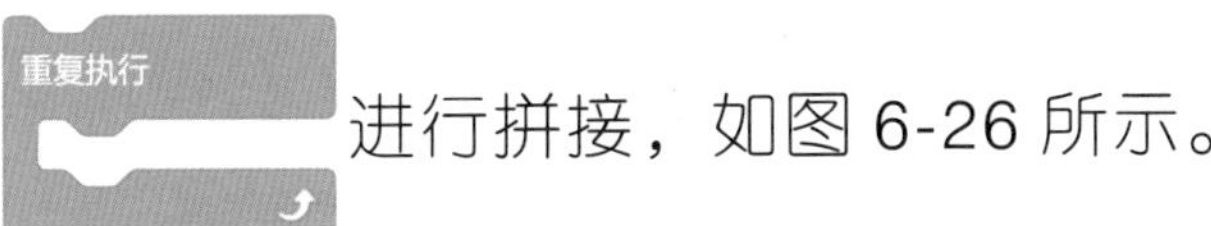

进行拼接，如图 6-26 所示。

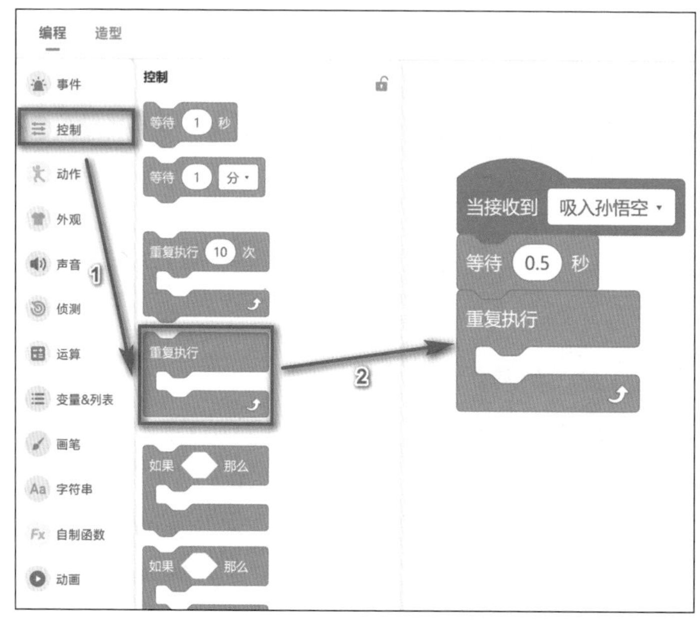

图 6-26　拼接“重复执行”控制积木

4）在“外观”类积木中，找到 将大小增加 10 %，放到 

内部，将“10”修改为“-10”，表示缩小角色尺寸，如图 6-27 所示。

5）在“外观”类积木中，找到 将 颜色 特效增加 25，拼接到 将大小增加 -10 % 下方，并且将“颜色”修改为“虚像”，将“25”修改为“5”，表示虚像程度增加，角色越来越透明，如图 6-28 所示。

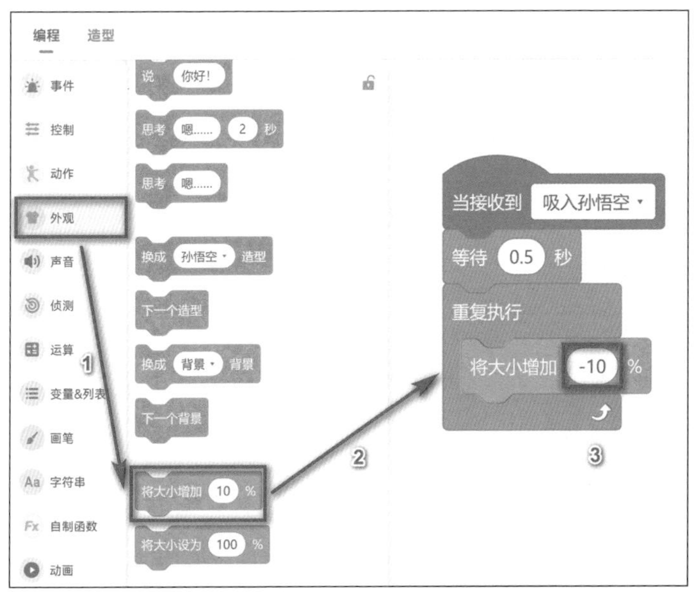

图 6-27　拼接“调整大小”外观积木

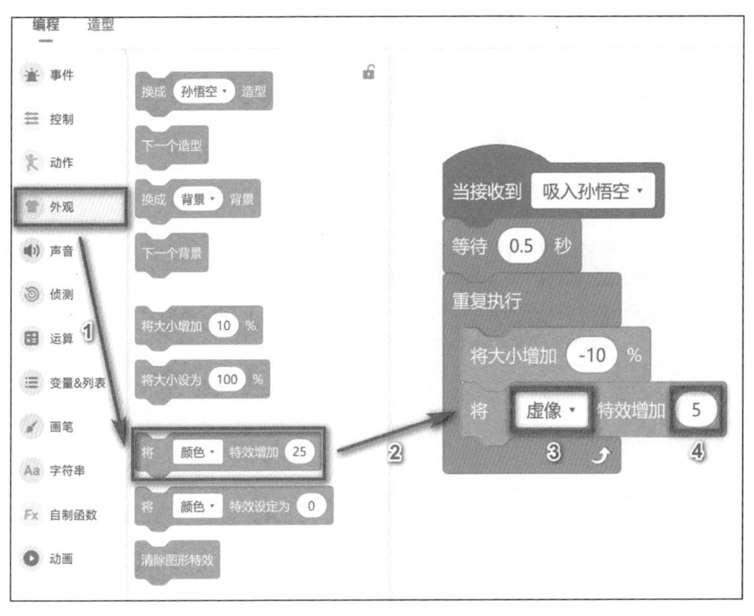

图 6-28　拼接“特效设置”外观积木

6）在“动作”类积木中，找到 在 1 秒内，右转 15 度 继续拼接，并将“15”修改为“360”，表示孙悟空将在 1 秒内，向右旋转一周，如图 6-29 所示。

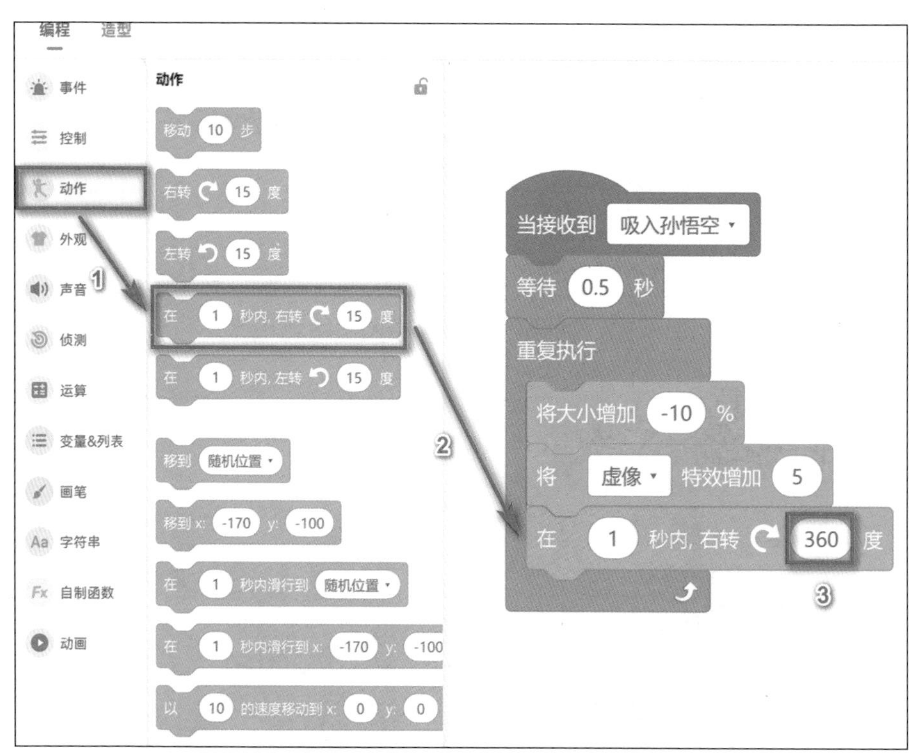

图 6-29　拼接“在一定时间内右转多少度”动作积木

这样，我们就完成了孙悟空的代码搭建，如图 6-30 所示。

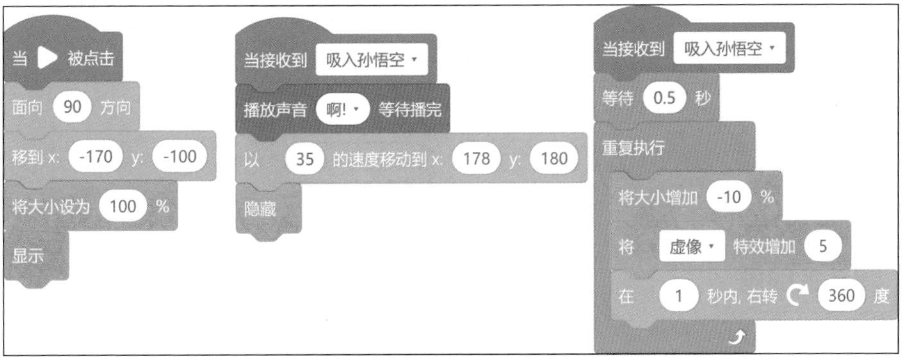

图 6-30 “孙悟空”完整代码

当完成了所有的编程创作，点击左上角的 ▶运行 按钮，故事动画效果出现。这时可查看是否和演示程序一致。

6.4.3 动动手：保存作品

按照所熟悉的方式，将这个新作品继续导出到电脑中的编程创作专属文件夹中。

6.5 理一理：编程思路

智斗金银角的编程思路如图 6-31 所示。

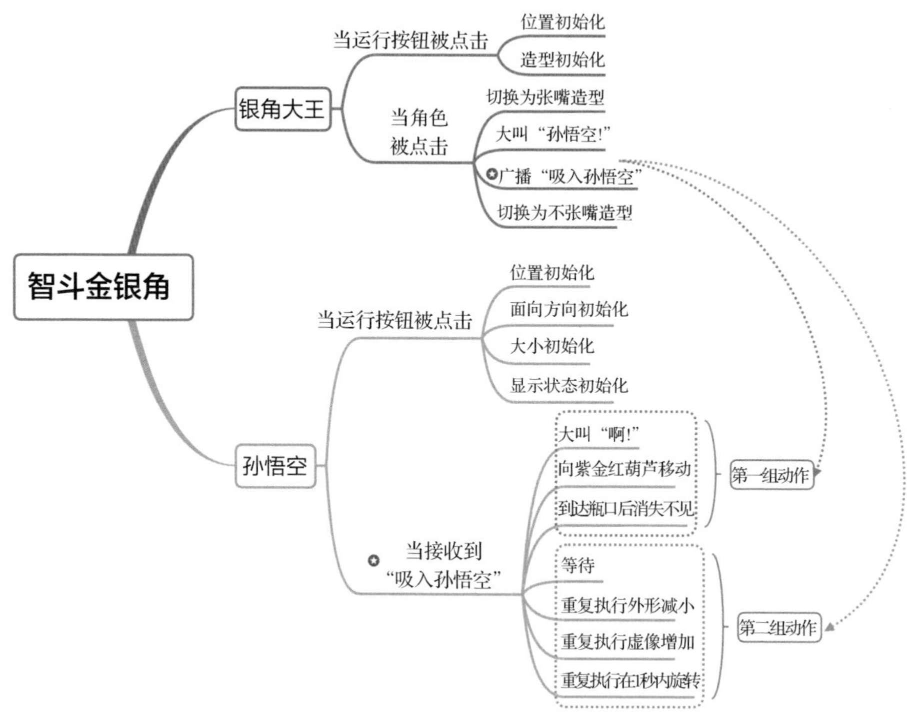

图 6-31 “智斗金银角”编程思路

6.6 学做小小程序员

通过“智斗金银角”的作品创作，我们获得了图形特效、广播消息、按照一定速度移到某位置、改变大小、并发事件等完成图形化编程创作的基本知识与技能，如表 6-1 所示。

表 6-1 “智斗金银角”作品创作中的主要编程知识及能力等级对应

知识点	知识块	CCF 编程能力等级认证
图形特效	角色的操作	GESP 一级
角色按照一定速度移动到某个位置	角色的操作	GESP 一级
角色大小的改变	角色的操作	GESP 一级
并发事件	事件触发	GESP 一级
广播消息	广播	GESP 二级

1. 图形特效

图形特效是为角色或背景图片增加各种特殊效果，例如颜色、鱼眼、漩涡、像素化、马赛克、虚像和亮度效果，应用不同特效的效果如图 6-32 所示。

本案例中使用的虚像特效可以让图片变得透明。将 虚像 特效设定为 50 可将角色的虚像属性设定为某一数值，取值范围为 0-100，数值越大虚像越明显，取值 100 的时候角色将完全看不到。将 虚像 特效增加 50 积木可将虚像属性增加或减少某一数值，数值越大虚像越明显。如果想让图片变得清晰，在虚像特效数值前加上负号即可。

第 6 章 智斗金银角

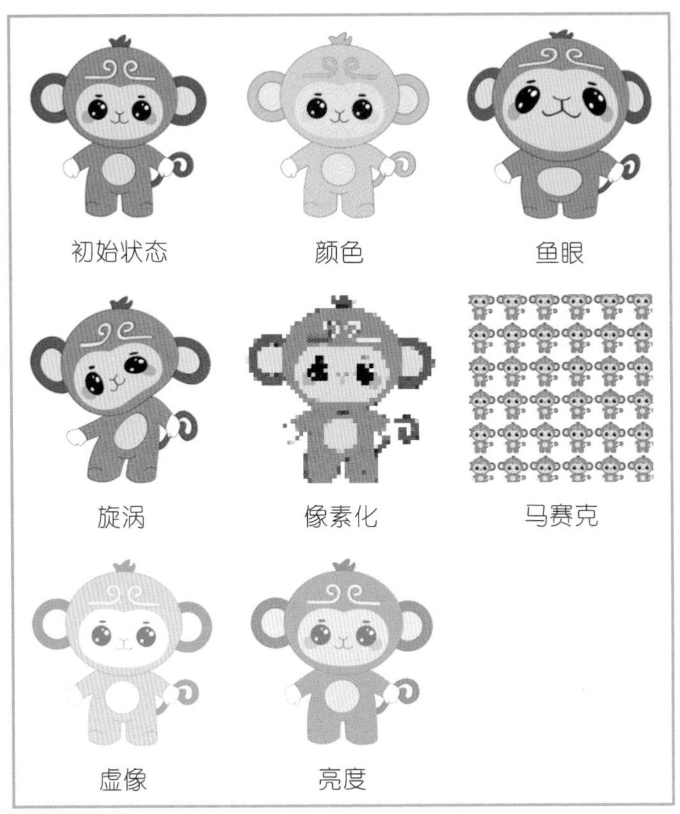

图 6-32　不同特效的实现效果

注意，图形特效可以叠加，例如像素化之后再加虚像特效。

2. 角色按照一定速度移动到某个位置

如果希望角色按照一定的速度匀速移动到某个位置，就可以利用“动作”类积木中的 以 10 的速度移动到 x: 0 y: 0 。

其中第一个白色椭圆是移动的速度，数值越大移动速度越快。后两个椭圆中的数值是目标位置的坐标。

3. 角色大小的改变

通过积木块对角色的大小进行调整，有两种调整方式。第一种是指定具体的大小数值，用到的是“外观”类积木中的 将大小设为 100 %；第二种是增加或减少角色大小数值，用到的是“外观”类积木中的 将大小增加 10 %。在“智斗金银角”案例中，需要孙悟空变小，可以在白色椭圆内的数字前增加负号，实现变小的效果。

4. 并发事件

并发是指两个或多个事件在同一时间间隔内发生。例如当午间下课铃声响起时，大量学生同时涌向食堂。这个时间段人流量是最大的，叫作高并发。所以当人流量过大时，我们需要排队，这就相当于程序的消息队列，使用队列是解决高并发的一种方法。

如果多组积木的触发事件相同，则在事件发生后多组积木同时开始执行，即并发。在本案例中，当接收到“吸入孙悟空”的广播后，孙悟空有两组积木的触发事件都为 当接收到 吸入孙悟空 ，所以就有了一边回应、以特定速度移动到指定位置后消失，一边旋转着变小同时变得透明的效果。

5. 广播消息

“广播消息”积木与真实世界的广播别无二致，当某个角色（包括舞台）“大喊”了一声，这时所有的角色（包括舞台和该角色本身）都能听到该消息。只要某个角色使用了“当接收到”积木且消息名一致时，它就能处理该消息。

所以当需要不同角色之间进行互动时，可以利用“事件”类积木中的 广播 消息1 或 广播 消息1 并等待 发出消息，然后利用“事件”类积木中的 当接收到 消息1 ，激发需要做出反应的角色执行其后续积木块。在本作品中，银角大王发出消息，孙悟空接收消息并做出了移动、旋转等动作。

6.7 走近信息科技

“小兔子乖乖，把门儿开开，快点开开，我要进来。不开不开就不开，妈妈没回来，谁来也不开。小兔子乖乖，把门儿开开，快点开开，我要进来。就开就开我就开，妈妈回来了，我来把门开。”你一定听过这首耳熟能详的经典儿童歌曲。这首歌的故事原型是《小白兔乖乖》，主要讲述大灰狼偷偷学会兔妈妈的儿歌，冒充兔妈妈想要进屋吃掉兔宝宝，但是被兔宝宝识破没有得逞的故事。无论儿歌还是故事，很多小朋友都非常熟悉，由此可见安全防范习惯的养成正从娃娃抓起。

回到“智斗金银角”的故事，银角大王知晓了孙悟空的姓名，利用孙悟空天不怕地不怕的心理引他上钩。而孙悟空毫无防范，听到银角大王喊他的名字就回应了，结果被吸入了宝葫芦里。虽然孙悟空凭借他的聪明才智从宝葫芦里逃脱，但是如果他能多一份防范意识就可以避免这样的困境。

其实，丰富多彩的在线生活方式背后也有一些“陷阱”。比如，一些网络页面或者图片利用网络红包引诱用户点击，而隐藏在后面的链接，很可能暗藏病毒，借机盗取个人信息；快递客服与我们联系，声称网购商品出现问题而需要我们提供银行卡、手机验证码完成退款，其实可能是不法分子冒充客服人员骗取我们的个人财产；收到快递后，如果将快递包装直接丢弃，那么快递单上的姓名、电话、地址等个人信息会轻易泄露。

因此，在日常生活中我们需要提高安全防范意识。保护好电脑、手机等私人数字设备，及时进行合理的密码和隐私设置；不要轻易透露隐私信息，姓名、身份证号、手机号、银行卡号以及验证码等信息都不能轻易分享；下载国家反诈中心应用程序，警惕诈骗信息、举报诈骗内容；对非官方或来路不明的网站保持警惕，不要点击陌生链接，不要下载陌生软件，不要随意扫描二维码；在网上尽量减少与陌生人交流，不要随便加陌生人；

不盲目相信短信息和客服电话；在扔掉快递外包装之前，将面单上的信息进行处理，遮盖个人信息；下载移动应用程序时，不给予过多的应用权限授权；不随意连接WiFi也不轻易将自己的设备开放为公共热点……

让我们提高安全防范意识，加强安全防范措施，体验安全网络环境。

第 7 章

大战红孩儿

锲而舍之，朽木不折；锲而不舍，金石可镂。

——《荀子 · 劝学》

7.1 讲故事

师徒四人走近一座怪石嶙峋的大山。一个叫作红孩儿的妖怪，听说吃了唐僧肉可以长生不老，正等着唐僧师徒路过，一心想用唐僧肉孝敬父母。红孩儿利用唐僧不辨真伪、心慈面软的特点，用苦肉计骗取了唐僧的信任，乘机将唐僧掳进火云洞。

孙悟空前去寻师父，跑到火云洞门口喊道："红孩儿，你要么放了我师父，要么拿命来！"红孩儿闻声出洞，他当然不肯轻易放掉唐僧，于是与孙悟空交战。红孩儿与孙悟空大战二十回合仍不分胜负，但是单单论武功，红孩儿哪里是孙悟空的对手。时间一久，孙悟空渐渐占了上风。

红孩儿眼看要败下阵来，只见他赶回洞前，一只手举着火尖枪，往自己鼻子上捶了两拳。悟空正在疑惑，只见红孩儿念起咒语，口里喷出三昧真火，浓烟从鼻子冒出，火焰齐生。孙悟空惊呼大事不好。这时四处都是火，他以为红孩儿会在火中，于是捻着避火诀，冲进火中，四处寻找红孩儿。他小心地移动步伐，即便碰到火焰，也会坚定地说“还我师父！”

孙悟空不怕火，只怕烟。火云洞外烟熏火燎，孙悟空抵挡不了，赶快跳出火圈寻找救兵。无奈这三昧真火，即便龙王降雨也无法奈何。最终由观音菩萨前来相助，才降伏了红孩儿。悟空救出师父，继续西行取经。

7.2 看程序

扫描二维码，按以下方法操作，可以看到本案例的呈现效果。

1）单击 ▶运行 按钮后，孙悟空在舞台左下角，红孩儿在火云洞口。

2）点击红孩儿角色后，红孩儿不断喷出火焰，如图 7-1 所示。

图 7-1　红孩儿喷出火焰

3）用键盘上的“方向键”（↑、↓、←、→）分别控制孙悟空的上、下、左、右移动。如果孙悟空碰到红孩儿喷出的火焰黄色，显示文字“还我师父！”如图 7-2 所示。

图 7-2　孙悟空显示文字

7.3 学设计

这个程序有孙悟空、红孩儿、火焰 3 个角色，其中红孩儿包括张嘴、闭嘴两个造型。

这个程序的实现，包括 3 个功能模块，分别是“红孩儿喷火”“火焰闪烁”“孙悟空行走及说话”。

1. 红孩儿喷火

1）当运行按钮被点击后，红孩儿在洞口位置站立。

2）当红孩儿被点击后，重复执行这些动作：

①间隔一定时间后，红孩儿做出张嘴动作；

②发广播通知火苗闪烁；

③间隔一定时间后，红孩儿做出闭嘴动作。

2. 火焰闪烁

1）当运行按钮被点击后，火焰不可见。

2）接收到红孩儿发出的广播后，火焰在红孩儿嘴边显示一定时间后消失。

3. 孙悟空行走及说话

1）当运行按钮被点击后，孙悟空在舞台左下角位置。

2）如果按下键盘的〈↑〉键，孙悟空向舞台上方移动；如果按下键盘的〈↓〉键，孙悟空向舞台下方移动；如果按下键盘的〈→〉键，孙悟空向舞台右侧移动；如果按下键盘的〈←〉键，孙悟空向舞台左侧移动。

3）在移动过程中，如果碰到火焰黄色，显示文字“还我师父！”

7.4 编写程序

若想实现“红孩儿喷火”和“孙悟空行走及说话”两个功能模块的功能，具体方法如下。

7.4.1 动动手：布置舞台

准备好本章所需资源“案例 7- 大战红孩儿”文件夹。通过导入“大战红孩儿 基础案例 .ppg”文件，布置好舞台背景，增加孙悟空、红孩儿和火焰 3 个角色，如图 7-3 所示。

图 7-3 舞台效果图

7.4.2 动动手：搭积木

按如下流程操作，完成“大战红孩儿”的积木搭建。

1. 红孩儿初始化

1）点击角色背景区的“红孩儿”图标，将鼠标移至“事件”类积木中，找到积木 当▶被点击 并拖曳到编程区，如图 7-4 所示。

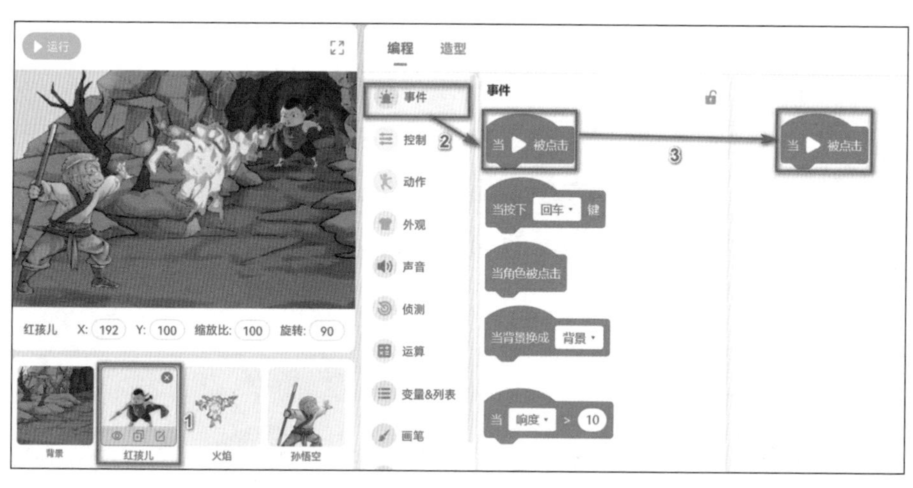

图 7-4　拼接“当运行被点击”事件积木

2）初始化红孩儿的位置。由于程序执行中，会更改红孩儿的位置，因此每次程序运行开始时需要设置红孩儿恢复到指定位置。在“动作”类积木中拖曳积木

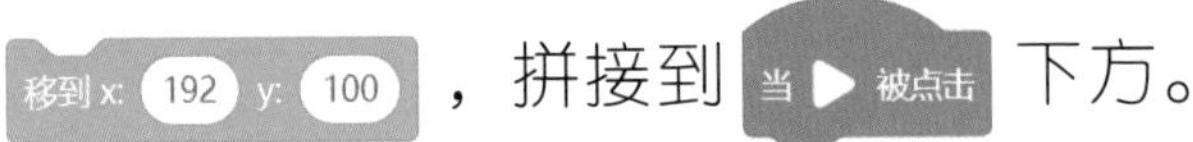

移到 x: 192 y: 100 ，拼接到 当 ▶ 被点击 下方。

3）初始化红孩儿的造型。由于程序执行中，红孩儿会有喷火的动作，因此每次程序运行开始时需要设置好红孩儿是闭嘴造型。在“外观”类积木中拖曳积木 换成 红孩儿张嘴 造型 ，将“红孩儿张嘴”修改为“红孩儿闭嘴”，继续进行拼接，如图 7-5 所示。

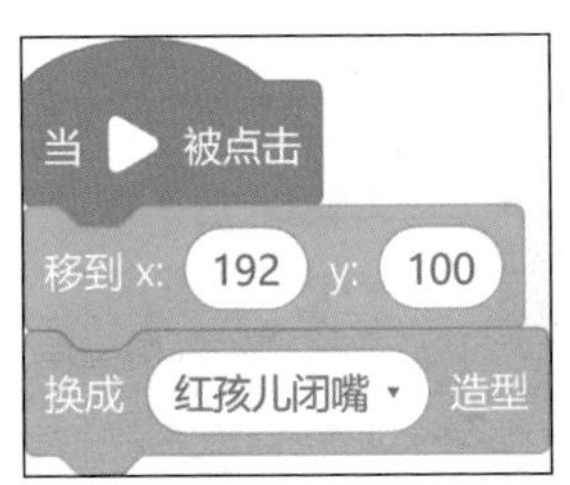

图 7-5　红孩儿初始化代码

2. 红孩儿做出喷火动作

1）在“事件”类积木块里找到 当角色被点击 ，拖曳到编程区。

2）红孩儿切换为张嘴造型并保持。在“外观”类积木中，找到 换成 红孩儿张嘴 造型 拖曳到编程区，拼接到

当角色被点击 下方，确认造型名称是“红孩儿张嘴”。在“控制”类积木中，找到 等待 1 秒 拖曳到编程区，将“1”修改为“2”，可以自己调整希望造型停留的时间。

3）红孩儿切换为闭嘴造型并保持。在“外观”类积木中，找到 换成 红孩儿张嘴 造型 拖曳到编程区，将“红孩儿张嘴”修改为“红孩儿闭嘴”，也就是 换成 红孩儿闭嘴 造型 。在“控制”类积木中，找到 等待 1 秒 拖曳到编程区，将“1”修改为“2”，可以自己调整希望造型停留的时间，最好张嘴闭嘴的保持时间是一致的。

4）重复上述积木。上述步骤完成的是一次张嘴喷火的全过程，红孩儿需要不断喷火，就需要用到“控制”类积木中的 重复执行 。将 重复执行 拖曳到 当角色被点击 下方，将两次造型切换和造型保持都放到重复执行里，如图 7-6 所示。

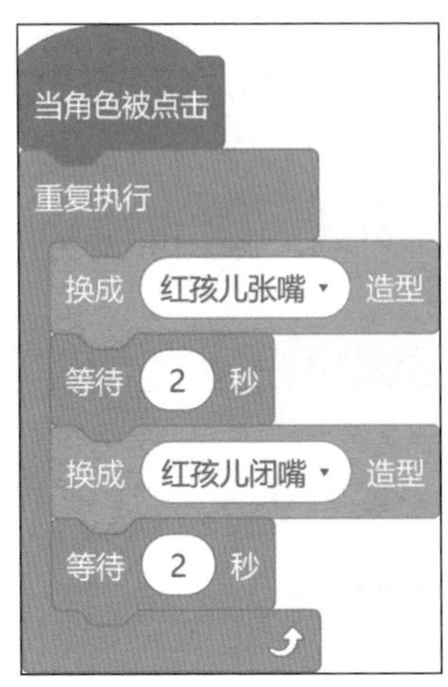

图 7-6　实现红孩儿张闭嘴的代码

3. 红孩儿广播消息

1）这些积木完成了红孩儿喷火过程中的嘴巴造型变化，还需要红孩儿给火焰发消息，提醒火焰出现。在“事件”类积木中，找到 广播 消息1 ，将其拼接到 换成 红孩儿闭嘴 造型 之前。

2）为了能够清晰辨别这个积木的作用，我们可以为消息取一个名称。点击 广播 消息1 中的白色椭圆后，选择“新消息”命令 新消息 消息1 。在所弹出的窗口中，输入消息名称，例如“喷火”，点击“确定”按钮。

红孩儿被点击后张嘴、通知火焰喷火、闭嘴的所有积木拼接，如图 7-7 所示。

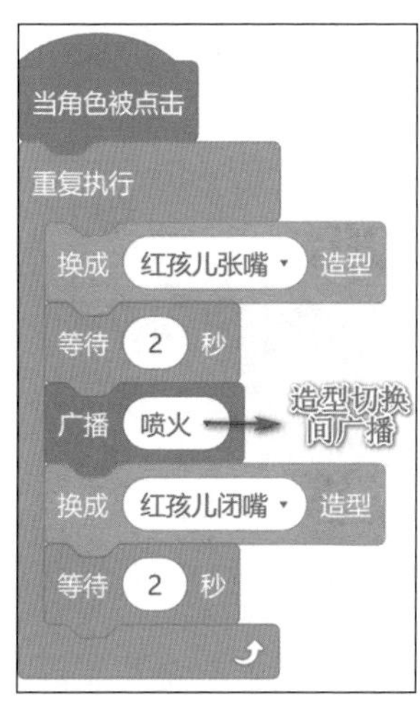

图 7-7　红孩儿广播消息代码

至此，完成了红孩儿的所有积木拼接，如图 7-8 所示。

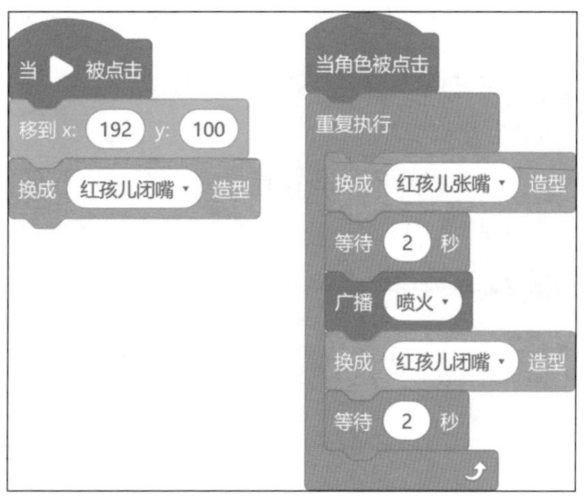

图 7-8　红孩儿完整代码

4. 火焰初始化

在角色背景区，点击“火焰”角色图标，切换编程对象为火焰，如图 7-9 所示。

图 7-9　切换到火焰角色

1）将鼠标移至“事件”类积木中，找到积木 当 ▶ 被点击 并拖曳到编程区。

2）初始化火焰的位置。在“动作”类积木中找到 移到 x: 80 y: 44 ，拖曳到编程区。

3）初始化火焰的不可见状态。在“外观”类积木里找到 隐藏 ，拖曳至编程区。

这样就搭建好火焰初始化的积木了，如图 7-10 所示。

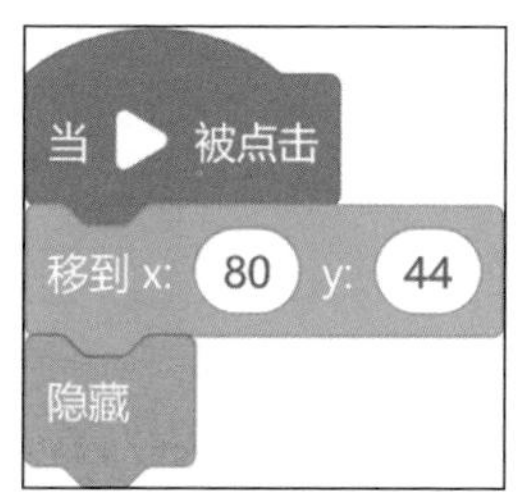

图 7-10　火焰初始化代码

5. 当接收到红孩儿发出的“喷火”消息后火焰不断闪烁

1）在“事件”类积木里找到 当接收到 喷火 ，拖曳到编程区，如图 7-11 所示。

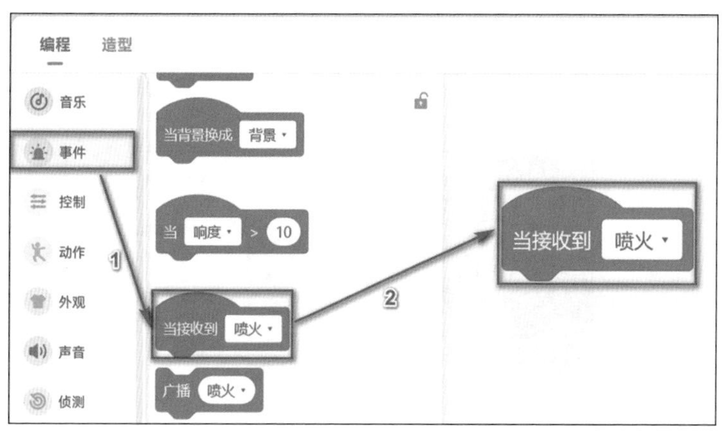

图 7-11　拖曳当接收到消息积木

2）火焰在接收到“喷火”消息后，先出现，过一会儿再隐藏。首先，在“外观”类积木里找到 显示 ，进行拼接；然后，在“控制”类积木里找到 等待 1 秒 进行拼接，将“1”修改为“2”；最后，在“外观”类积木块里找到 隐藏 继续拼接，如图 7-12 所示。

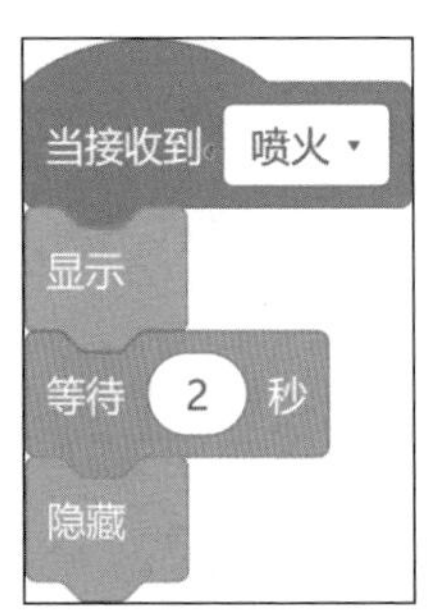

图 7-12　实现火焰闪烁的代码

至此，完成了火焰的所有积木拼接，如图 7-13 所示。

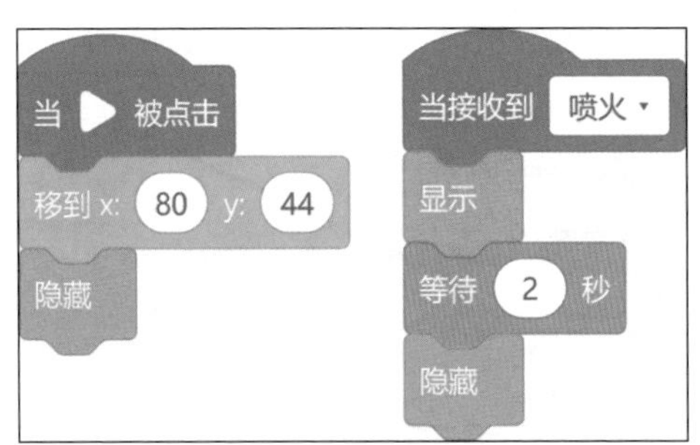

图 7-13　火焰的完整代码

6. 孙悟空初始化

在角色背景区，点击“孙悟空”角色图标，切换编程对象为孙悟空，如图 7-14 所示。

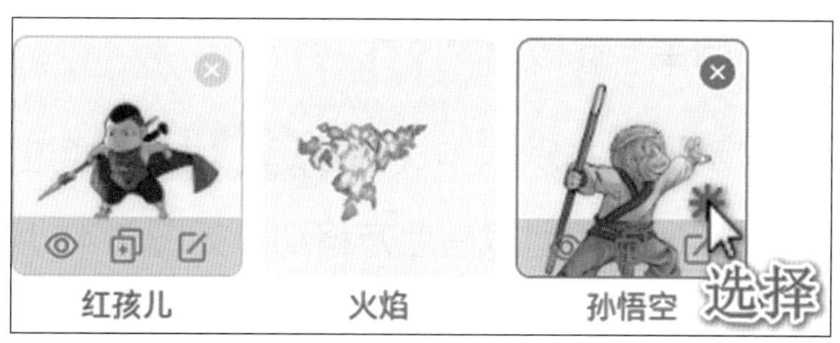

图 7-14　切换到孙悟空角色

1）将鼠标移至“事件”类积木中，找到积木  并拖曳到编程区。

2）初始化孙悟空的位置。在“动作”类积木中找到 移到 x: -185 y: -34 ，拖曳到编程区，如图 7-15 所示。

图 7-15　孙悟空位置初始化代码

7. 孙悟空行进及呈现文本

1）当按下键盘的〈↑〉键后向舞台上方移动。

①在“事件”类积木中找到 当按下 回车 键，拖曳到编程区，将“回车”修改为“↑”。

②在“动作”类积木中找到 将y坐标增加 10 。通过增加 y 的坐标值，实现角色向舞台上方移动，如图 7-16 所示。

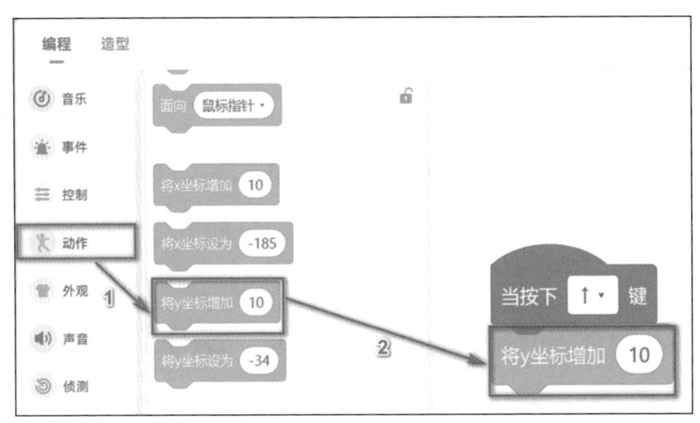

图 7-16　实现按下键盘↑键后向上移动的代码

2）当按下键盘的↓键后向舞台下方移动。

①在“事件”类积木中找到 当按下 回车 键，拖曳到编程区，将“回车”修改为“↓”。

②在“动作”类积木中找到 将y坐标增加 10 ，在 10 前增加“-”。当 y 增加负数的时候，角色会向舞台下方移动，如图 7-17 所示。

图 7-17　实现按下键盘↓键后向下移动的代码

3）当按下键盘的→键后向舞台右侧移动。

①在“事件”类积木中找到 当按下 回车 键 ，拖曳到编程区，将回车修改为→。

②在“动作”类积木中找到 将x坐标增加 10 。通过增加 x 的坐标值，实现角色向舞台右侧移动，如图 7-18 所示。

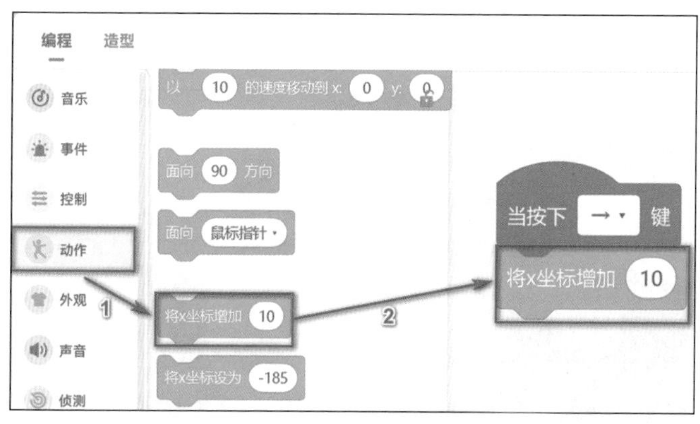

图 7-18　实现按下键盘→键后向右移动的代码

4）当按下键盘的←键后向舞台左侧移动。

①在“事件”类积木中找到 当按下 回车 键 ，拖曳到编

程区，将“回车”修改为“←”。

②在“动作”类积木中找到 将x坐标增加 10 ，在“10”前面增加“-”。当 x 增加负数的时候，角色会向舞台左侧移动，如图 7-19 所示。

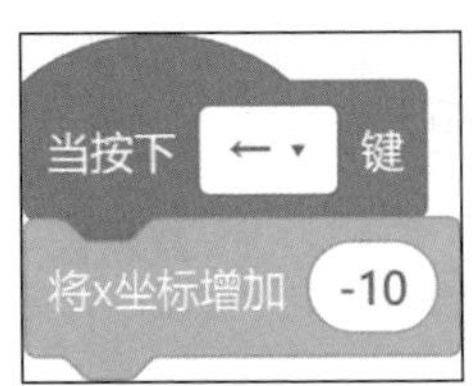

图 7-19　实现按下键盘←键后向左移动的代码

这样就实现了通过按下键盘方向键，实现孙悟空在舞台移动的完整积木搭建，如图 7-20 所示。

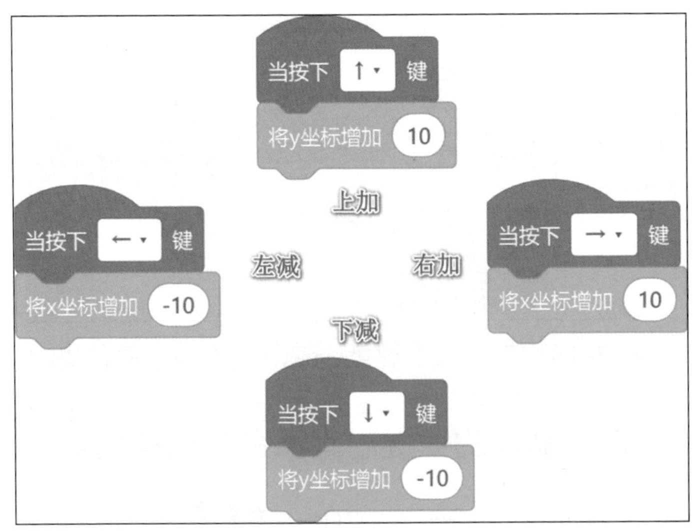

图 7-20　实现通过键盘控制孙悟空移动的完整代码

5）每次碰到火焰黄色呈现文本。

①在“事件”类积木里找到 当接收到 喷火 拖曳到编程区，如图 7-21 所示。

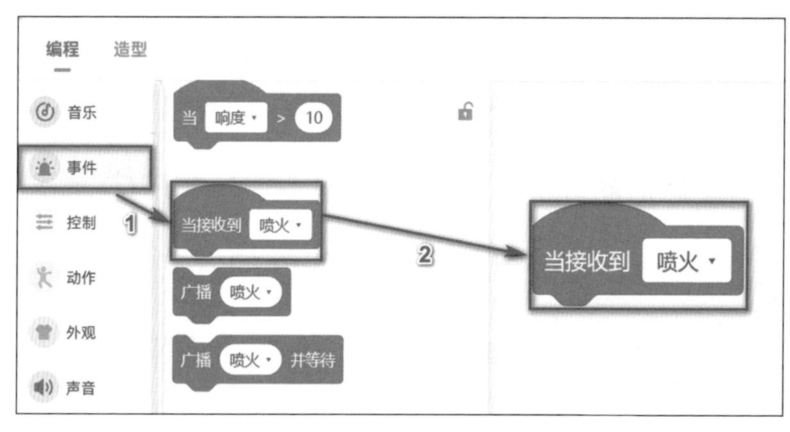

图 7-21　拖曳接收消息积木

②孙悟空需要一直侦测自己是否碰到火焰黄色，因此需要用到“控制”类积木中的 重复执行 ，将其拖曳到编程区进行拼接。

③在“控制”类积木中找到 如果 那么 放到 重复执行 里，如图 7-22 所示。

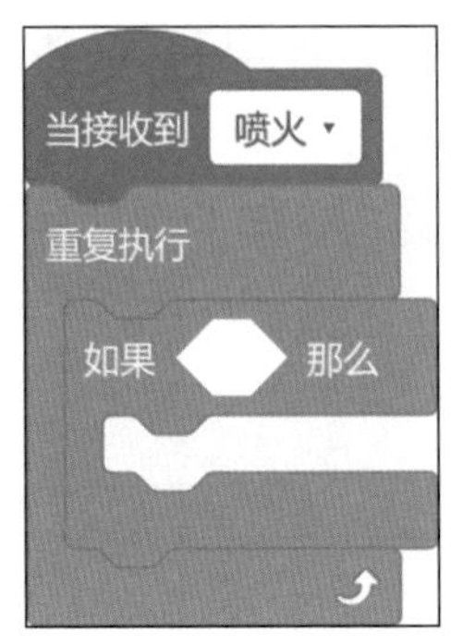

图 7-22　实现重复执行和分支的嵌套

④写明判断条件。在“侦测”类积木块中，找到积木 碰到颜色 ? ，拖曳到“如果”后面的六边形判断框中。点击颜色椭圆，在所弹出的窗口中选择最下方的取色滴管按钮，如图 7-23 所示。

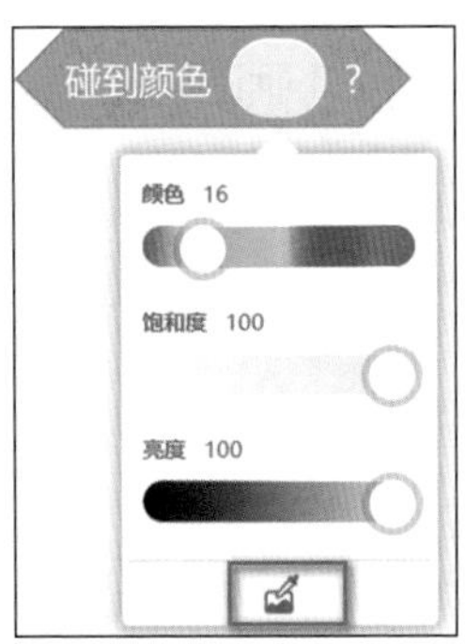

图 7-23　点击侦测颜色后出现取色滴管

将鼠标移动到舞台上火焰中的黄颜色上，点击鼠标，就取好了颜色，如图 7-24 所示。

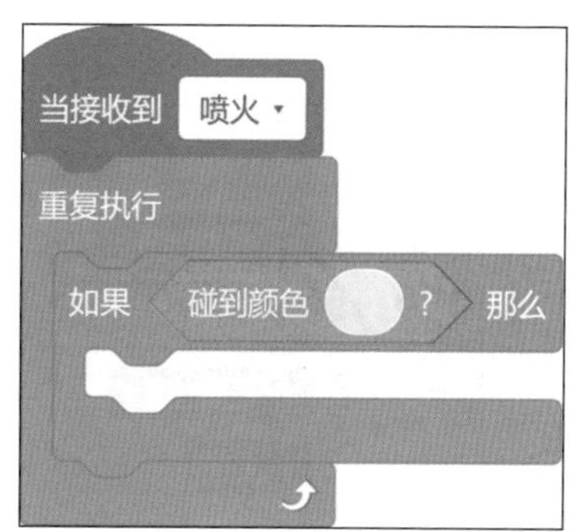

图 7-24　选取颜色

如果舞台的火焰不可见，怎么办？点击后，再点击角色背景区的“火焰”图标，点击，将其修改为，就可以在舞台中看到火焰了，如图 7-25 所示。

图 7-25　修改火焰的可见性

⑤填写满足判断条件下需要执行的积木指令。如果碰到了火焰中的黄色，孙悟空旁边显示文字“还我师父!”需要在“外观”类积木中找到 说 你好! 2 秒，将“你好”修改为“还我师父!”将“2”修改为“0.5”，如图 7-26 所示。

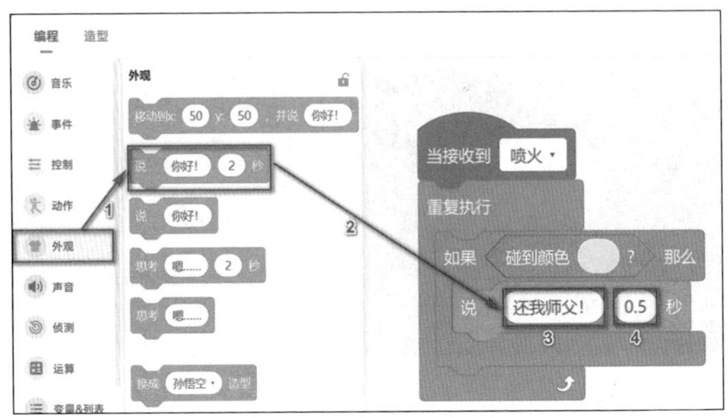

图 7-26 拖曳“说”积木并修改

目前，已经完成了孙悟空的所有积木拼接，如图7-27 所示。

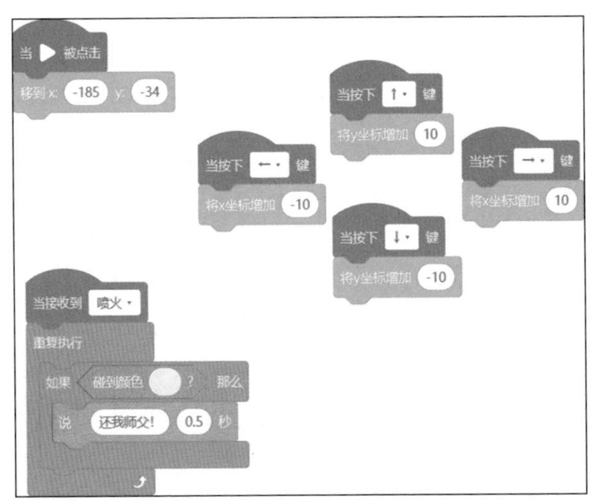

图 7-27 孙悟空的完整代码

当完成了所有的编程创作，单击左上角的 运行 按钮，故事动画效果出现。这时可查看是否和演示程序一致。

7.4.3　动动手：保存作品

按照所熟悉的方式，将这个新作品继续导出到电脑中的编程创作专属文件夹中。

7.5 理一理：编程思路

大战红孩儿的编程思路如图 7-28 所示。

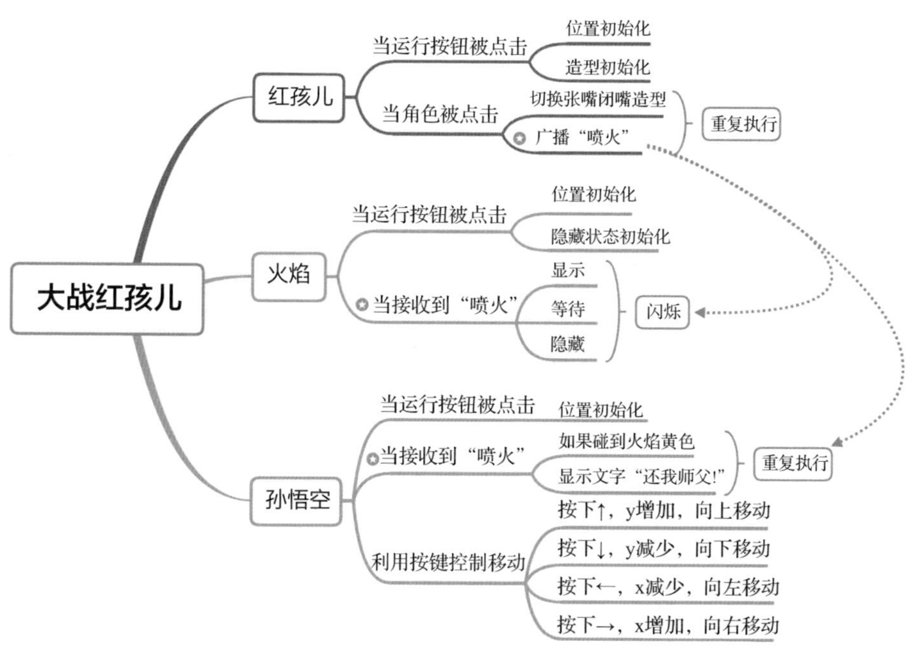

图 7-28　“大战红孩儿”编程思路

7.6 学做小小程序员

通过“大战红孩儿”的作品创作，我们获得了用文本显示说话内容、侦测碰到颜色、改变坐标位置等完成图形化编程创作的基本知识与技能，如表 7-1 所示。

表 7-1 “大战红孩儿”作品创作中的主要编程知识及能力等级对应

知识点	知识块	CCF 编程能力等级认证
用文本显示说话内容	角色的操作	GESP 一级
颜色侦测	侦测与控制	GESP 一级
改变坐标位置	编程数学	GESP 一级

1. 用文本显示说话内容

“外观”类积木中的 说 你好! 和 说 你好! 2 秒 ，都可以实现用文本说话的效果。说 你好! 积木的作用是使当前角色用单气泡图的方式显示文本，该积木块有一个参数，也就是椭圆部分，用于显示指定的文本，可以对其进行修改。说 你好! 2 秒 积木的作用是使当前角色用单气泡图的方式显示文本并等待指定时间，该积木块有两个参数，第一个参数用于指定显示文本，第二个参数指定显示时间。

2. 颜色侦测

“侦测”类的积木块能够像侦察兵一样辅助监控舞台或者角色发生了什么。利用“侦测”类积木中的 碰到颜色 ( ) ? ，可以侦测角色是否碰到了某种颜色。将颜色侦测与分支结构组合应用，可以根据颜色控制指令的执行。

3. 改变坐标位置

坐标数值的变化代表着角色位置的变化，坐标位置可以通过舞台区下方的角色属性来改变，如图 7-29 所示。也可以通过“动作”类积木中有关坐标的积木来对坐标位置进行改变，如 移到 x: ( ) y: ( ) 、在 (1) 秒内滑行到 x: ( ) y: ( ) 、以 (10) 的速度移动到 x: (0) y: (0) 。

当 x 坐标值增加，角色向右平移；当 x 坐标值减少，角色向左平移；当 y 坐标值增加，角色向上平移；当 y

坐标值减少，角色向下平移。角色位置改变的秘诀可以记作“右加左减，上加下减”。

图 7-29　通过角色属性改变坐标

7.7 走近信息科技

“千里眼、顺风耳”，是神话传说故事中人物的特异功能。凭借数字设备和网络，我们也可以实现“千里眼、顺风耳”。

你一定有过给相隔千里的家人或朋友打电话、发视频通话的体验，听到亲切的声音、看到熟悉的面孔，我们的思念之情不会因为距离而受到阻碍。

你可能有过在线学习的体验，讲课的教师虽和你素未谋面，共同学习的伙伴也来自五湖四海，但是你们围绕喜爱的内容共同探索学习。

你还可能有过线上交流的体验，无论是和小伙伴在线上会议中热烈研讨，还是独立看文章、视频后发表你的感受，抑或是发送语音等待伙伴的回复，都是利用线上方式进行沟通。

如果你仔细回味这些体验，你会感慨我们现在的交流方式如此多样。如果同时在线面对面视频交流，大家的语音、神态、表情、姿势都可以同步传递，让我们能很好地理解对方；如果无法视频沟通，文字、语音也是表达信息的好方式；如果你还想更好地表达情感呢？语气一定是你的利器，此外还有如下方法。

比较一下“还我师父。”与“还我师父！”有什么差异？“还我师父。”是一个事实的陈述。而“还我师父！”则能够感受到孙悟空无比坚定的态度。所以在文字表达中，合理利用问号、感叹号等标点符号，可以用来表达情感。

标点符号不仅可以单独使用，还可以组合使用表达更复杂的情感。“O(∩_∩)O 哈哈 ~”给人的感觉就比“哈哈”更形象更快乐；“⊙﹏⊙ b 汗”更为传神地表达了尴尬之情；“=_=”使人更直观感受到了睡眼惺忪的状态。使用这些表情符号，能让文字表达的语气更丰富。表 7-2 列举了部分表情符号的含义。

表 7-2　表情符号

表情符号	含义	表情符号	含义
:-D	开心	@_@	困惑
>_<	抓狂	T_T	哭泣
\(^_^)/	加油	b（￣▽￣）d	竖起大拇指
:-O	惊讶	↖(^0^)↗	为你打气！

观察图 7-30，猜一猜不同图标代表什么。如果你感觉用文字符号表达不了丰富的感情，还可以选择更为生动的能够体现情绪的小图标。如果你对一个观点表示赞同，可以选择点赞，这个图标往往代表“强、厉害、真棒”；你还可以送上一朵花。如果想表达节日庆祝，   都是适合的选择。

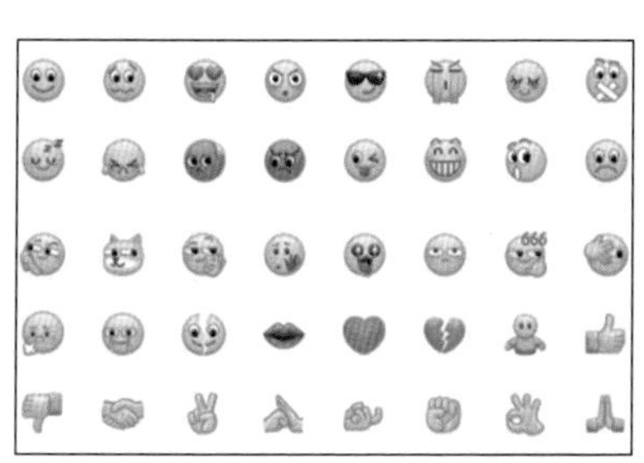

图 7-30　体现情绪的图标

在线学习与生活离不开文本沟通，有效利用符号表情，能够更加生动地传递情绪信息，提升交流沟通质量。

第8章

真假美猴王

是非久自见，不可掩也。

——《晋书·卷四十·列传第十》

8.1 讲故事

取经路上，师徒四人又遇到一群强盗。两次冲突过后，唐僧认为孙悟空太残忍，又一次将其赶走。孙悟空请求观音菩萨为他求情，观音菩萨让他暂且留下，唐僧取经路上再次遇险自会找他回去。

此时六耳猕猴假扮孙悟空，打伤了唐僧，抢走了行李，回到了花果山，并扬言要自己去西天取经。沙僧见状，连忙去南海找到观音菩萨请求帮助，并在此处找到了真孙悟空。孙悟空听闻自己被假冒的事情，十分生气，与沙僧一同前往花果山，准备去拆穿六耳猕猴。

真假孙悟空相见后，打了起来。他们二人本领不相上下，一时间难分真假。二人打斗着来到了南海，找到了观音菩萨，想让菩萨辨别真假。菩萨看了很久，都没有看出真假孙悟空的不同。她念起紧箍咒来，想借此辨别真假。可两个孙悟空却一起喊起了疼，打起了滚。最后，观音菩萨也不知道哪个是真的，哪个是假的。

后来，两个孙悟空又分别找了玉帝、唐僧、阎王等人，然而均无法分辨二人的真假。二人边打边斗，直至如来佛祖面前。如来佛祖一眼就看破了两只猴子的不同之处，制服了六耳猕猴。观音菩萨领悟空回到唐僧身边，说明事情缘由，并叮嘱收留孙悟空保护唐僧取经。

8.2 看程序

扫描二维码，按以下方法操作，可以看到本案例的呈现效果。

1）点击 ▶运行 按钮，启动程序，程序启动时如图 8-1 所示。

图 8-1　程序启动时初始效果

2）按下空格键，菩萨出现并用文字说话，随即念起紧箍咒，如图 8-2 所示。

图 8-2　菩萨出现并念紧箍咒

3）两个孙悟空在菩萨念紧箍咒后，痛得左右摇晃，并说“好疼，别念了！”，如图 8-3 所示。

图 8-3　孙悟空左右摇晃并说话

4）两个孙悟空痛得打起了滚，在舞台上随机移动，如图 8-4 所示。

图 8-4　孙悟空随机移动

8.3 学设计

这个程序有真假2个孙悟空和菩萨，共3个角色，其中菩萨包括说话、不说话两个造型。

这个程序的实现，包括两个功能模块，分别是“菩萨念紧箍咒”“孙悟空难受翻滚”。

1. 菩萨念紧箍咒

1）菩萨在舞台的初始位置停留，在程序开始时呈隐藏状态。

2）侦测当按下空格键时，菩萨切换为显示状态，说“我用‘紧箍咒’来查明真假!”并发送广播“紧箍咒”。

3）菩萨不断进行造型切换，模拟念紧箍咒的效果。

2. 孙悟空难受翻滚

1）孙悟空在舞台的初始位置，面向右侧。

2）当接收到广播“紧箍咒”后，孙悟空执行这些动作：

①左右摇摆。

②用文字说“好疼，别念了！”。

③面向随机方向后，不断移动，如果碰到舞台边缘就反弹。

8.4 编写程序

若想实现“菩萨念紧箍咒”“孙悟空难受翻滚”两个功能模块的功能，具体方法如下。

8.4.1 动动手：布置舞台

准备好本章所需资源“案例 8- 真假美猴王”文件夹。通过导入“真假美猴王 基础案例 .ppg”文件，布置好舞台背景，增加孙悟空 1、孙悟空 2、菩萨 3 个角色，如图 8-5 所示。

图 8-5　舞台效果图

8.4.2　动动手：搭积木

按如下流程操作，完成“真假美猴王”的积木搭建。

1. 菩萨初始化

1）在角色背景区，选择“菩萨”角色图标，切换编程对象为菩萨，在“事件”类积木中，找到积木 当 ▶ 被点击 拖曳至编程区。

2）在“动作”类积木中，拖曳积木 移到 x: -23 y: 68 ，拼接到 当 ▶ 被点击 下方。

3）为了确保每次菩萨都是从不张嘴到张嘴开始念紧箍咒，需要对其造型进行初始化。在“外观”类积木中，拖曳积木 换成 菩萨不说话 ▾ 造型 进行拼接。如果你拖曳的造型名称不是“菩萨不说话”，记得点击白色椭圆，将造型名称修改为“菩萨不说话”。

4）在“外观”类积木中，拖曳积木 隐藏 拼接在 换成 菩萨不说话 ▾ 造型 的下面，实现菩萨在程序刚开始运行时不出现。菩萨角色的初始化程序如图 8-6 所示。

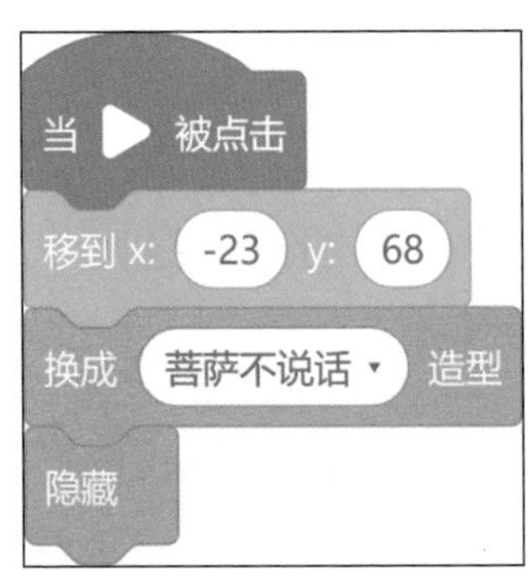

图 8-6　菩萨角色的初始化

2. 菩萨念紧箍咒

这部分要实现的功能是：按下空格键后，菩萨出现并默念紧箍咒。

1）在“控制”类积木中找到 等待 拼接在菩萨初始化积木的下方，如图 8-7 所示。

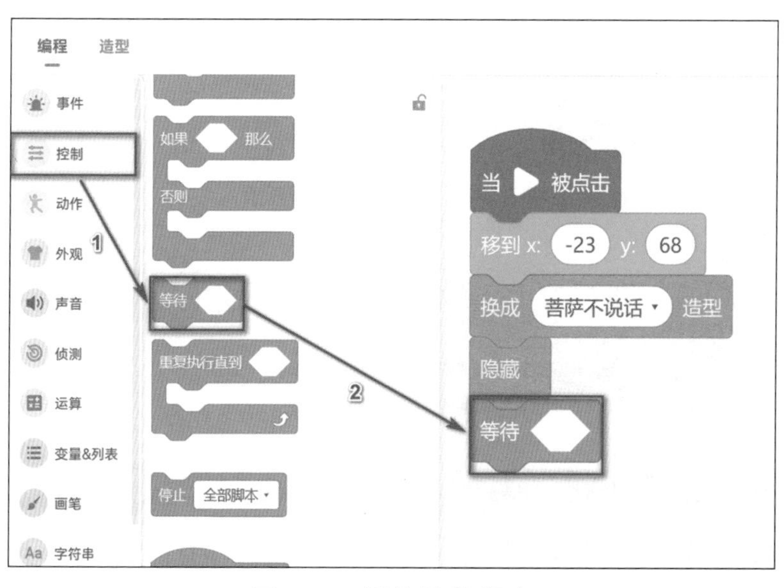

图 8-7　拼接等待积木

2）在“侦测”类积木中拖曳 按下 空格 键? 到编程区，并将其拼接在等待积木的六边形空白框中，如图 8-8 所示。

第8章　真假美猴王

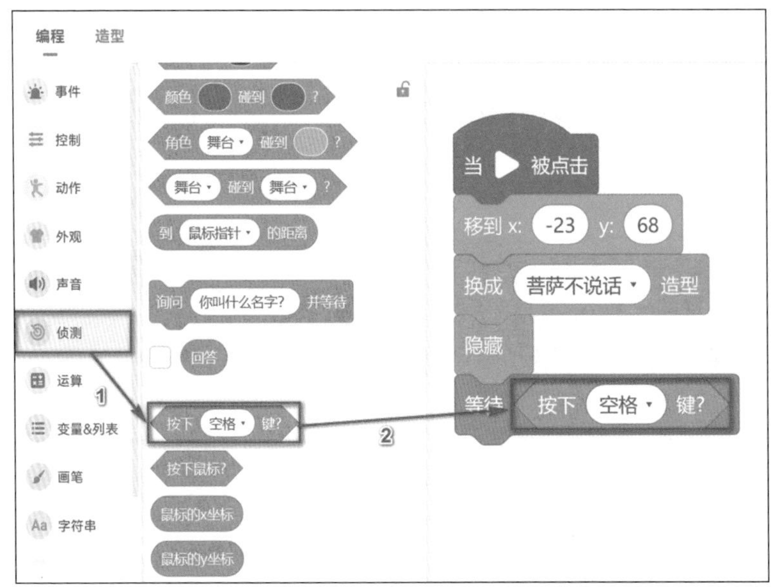

图 8-8　等待按下空格键

3）在“外观”类积木中，找到积木 显示 ，拖曳到编程区，拼接在 等待 按下 空格 键? 下方。

4）在“外观”类积木中，找到积木 说 你好! 2 秒 ，拖曳到编程区。将“你好！”修改为“我用‘紧箍咒’来查明真假！”

目前已搭建的积木如图 8-9 所示。

5）菩萨向孙悟空广播消息。

①在“事件”类积木中，找到积木 广播 消息1 ，拖曳

到编程区。

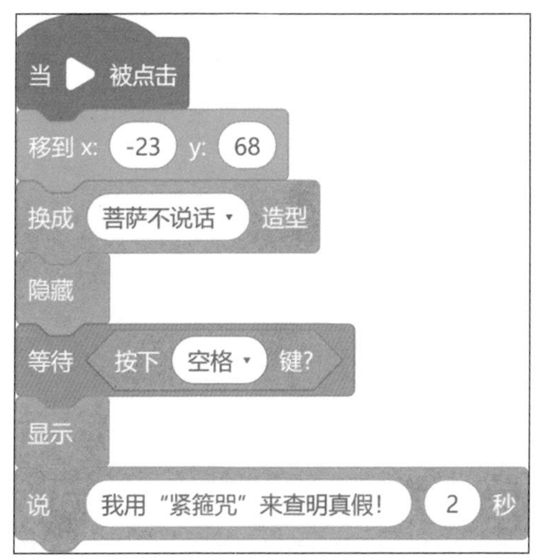

图 8-9 已搭建积木程序

②用鼠标点击"消息 1"所在的白色椭圆，在下拉列表中选择"新消息"，如图 8-10 所示。

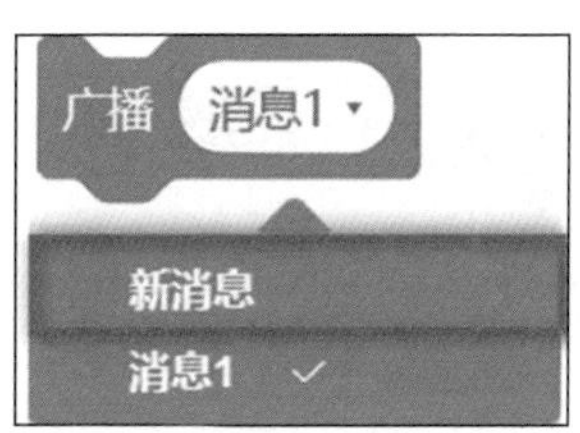

图 8-10 广播新消息

③在所弹出的窗口中将消息名称命名为"紧箍咒"，点击"确定"按钮，这块积木就变成了 广播 紧箍咒 。

6）菩萨通过造型切换模拟默念紧箍咒。

①在“控制”类积木中，找到积木 重复执行 ，拖曳到编程区。

②在“外观”类积木中，找到积木 下一个造型 拖曳到“重复执行”积木里。

③在“控制”类积木中，找到积木 等待 1 秒，拖曳到 下一个造型 下面，把时间改成 0.5。

这样，就完成了菩萨的全部代码，如图 8-11 所示。

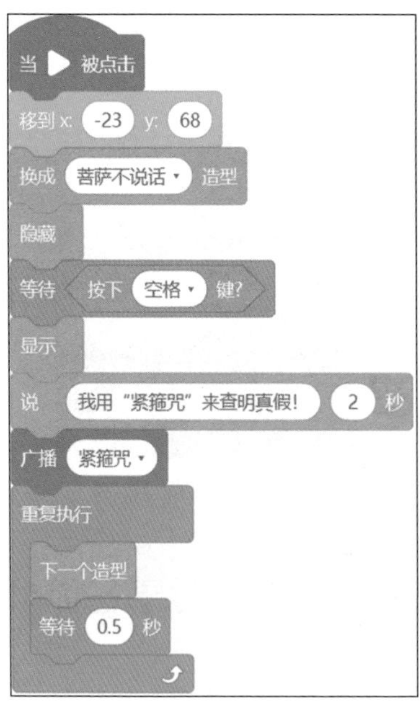

图 8-11　菩萨完整代码

3. 孙悟空 1 初始化

1）在角色背景区，选择“孙悟空 1”角色图标。将鼠标移至“事件”类积木中，找到积木 当 ▶ 被点击 ，拖曳到编程区。在“动作”类积木中，找到积木 移到 x: -92 y: -91 ，拖曳到 当 ▶ 被点击 下方。

2）由于孙悟空后面会做左右摇晃的动作，所以需要对其面向方向进行初始化。在“动作”类积木中，找到积木 面向 90 方向 ，拖到编程区。

这样我们就完成了孙悟空初始化，如图 8-12 所示。

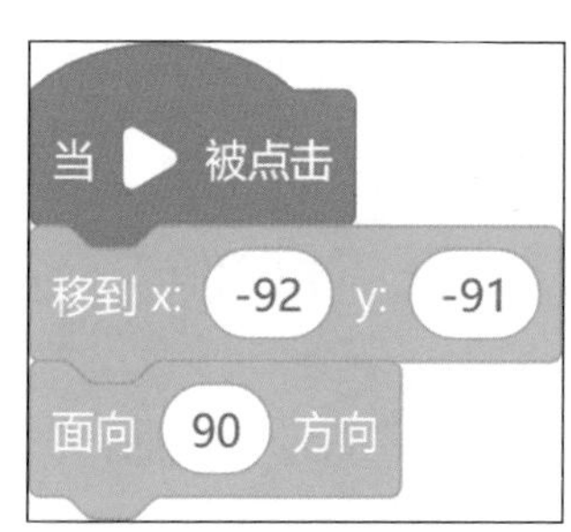

图 8-12　孙悟空初始化代码

4. 孙悟空 1 难受翻滚

孙悟空 1 接到广播后，左右摇摆、说话并随机移动。

1）在“事件”类积木中，找到积木 当接收到 紧箍咒 ，拖到编程区，如图 8-13 所示。

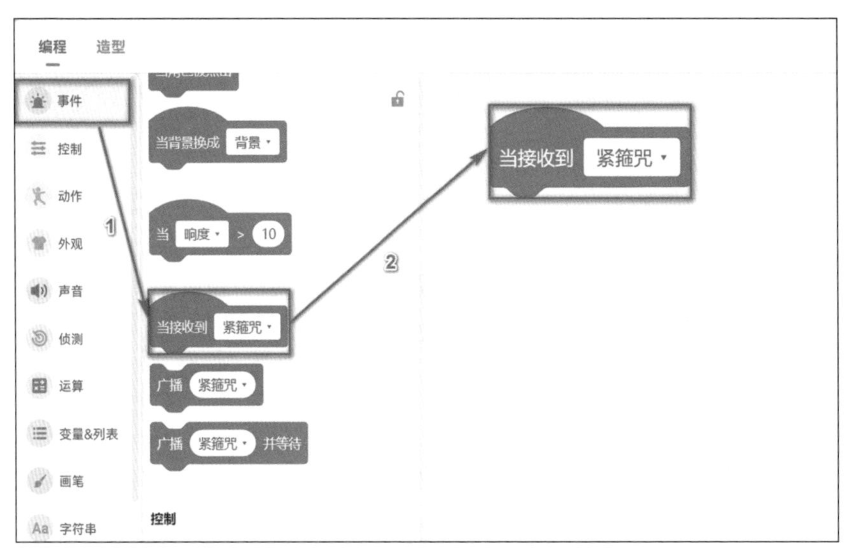

图 8-13　拼接“当接收到紧箍咒”事件积木

2）孙悟空 1 左右摇摆。

① 实现右转。在“动作”类中，找到积木 在 1 秒内，右转 15 度 ，将“15”改成“30”。

②实现向左转到同一角度。这需要先向左转 30 度到直立状态，再继续向左转 30 度，也就是一共左转 60 度。在“动作”类中，找到积木 在 1 秒内，左转 15 度 ，将

“15”改成“60”。

③右转回到直立状态。在“动作”类中，找到积木 在 1 秒内，右转 15 度，将“15”改成“30”。

这样，就实现了孙悟空左右摇摆的效果。

④在“外观”类中，找到积木 说 你好! 2 秒，把“你好”改为“好疼，别念了”。

目前孙悟空 1 搭建完成的程序如图 8-14 所示。

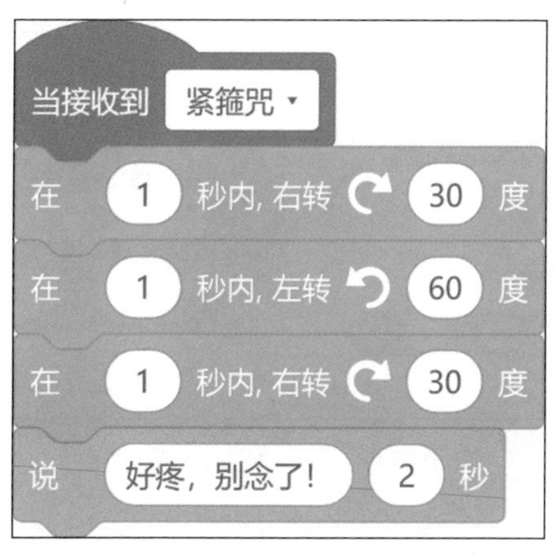

图 8-14　孙悟空 1 搭建完成程序

3）孙悟空 1 向随机方向移动。

①为了更好地实现孙悟空随机移动的效果，可以先设置孙悟空面向随机角度。在“动作”类积木中找到

面向 90 方向，拼接在目前已完成代码的下面。

②在“运算”类积木中，拖曳积木 在 1 和 10 之间取随机数，将这块积木放进 面向 90 方向 的椭圆空白框中，并修改数值为在“0”和“360”之间取随机数，如图 8-15 所示。

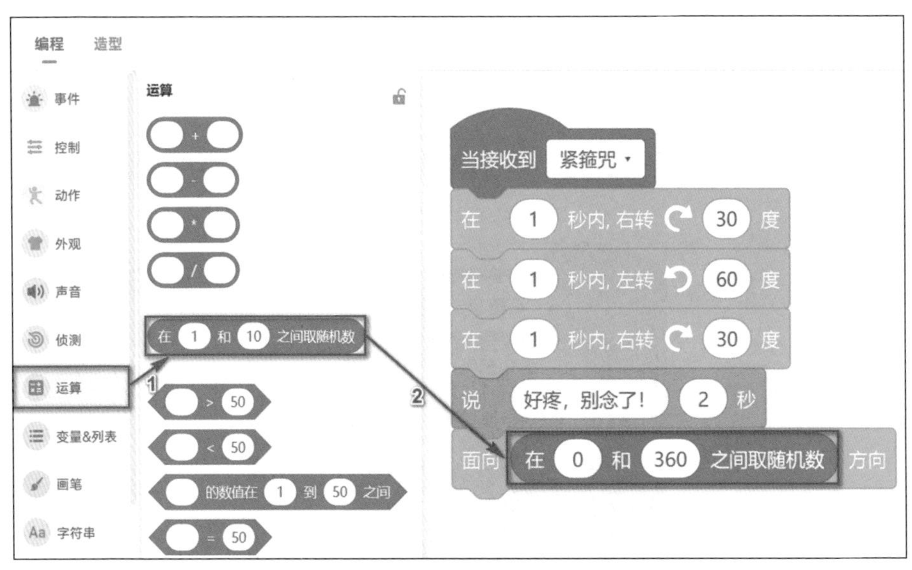

图 8-15　面向随机数方向

③在“控制”类积木中找到 重复执行 拖曳到编程区，并将“动作”类积木 移动 10 步 放进重复执行中，拼接到孙悟空 1 代码的下方，如图 8-16 所示。

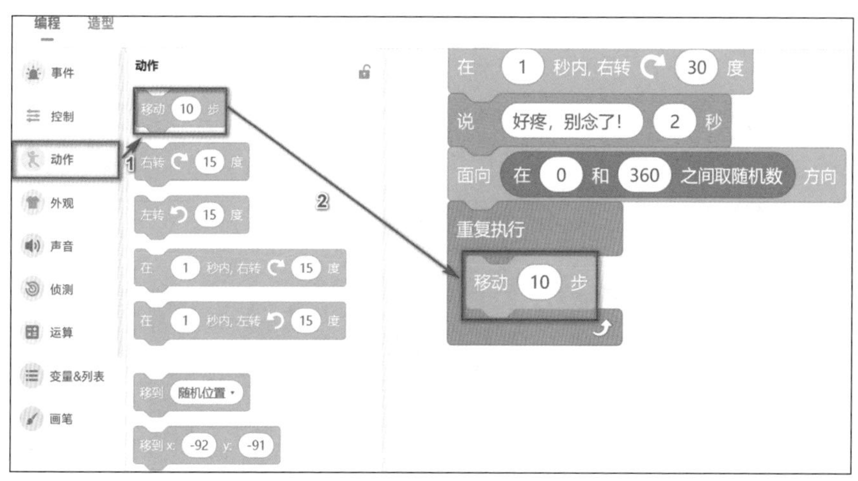

图 8-16　孙悟空一直移动

④在“动作”类积木中找到 碰到边缘就反弹 ，将这块积木拼接在 移动 10 步 下面，也放进重复执行里，如图 8-17 所示。

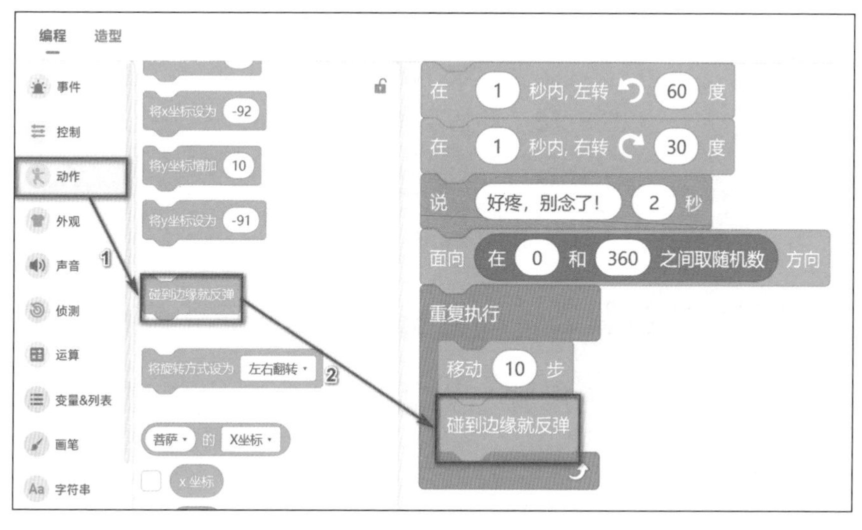

图 8-17　碰到边缘就反弹

现在，孙悟空 1 的代码已经全部搭建完成，如图 8-18 所示。

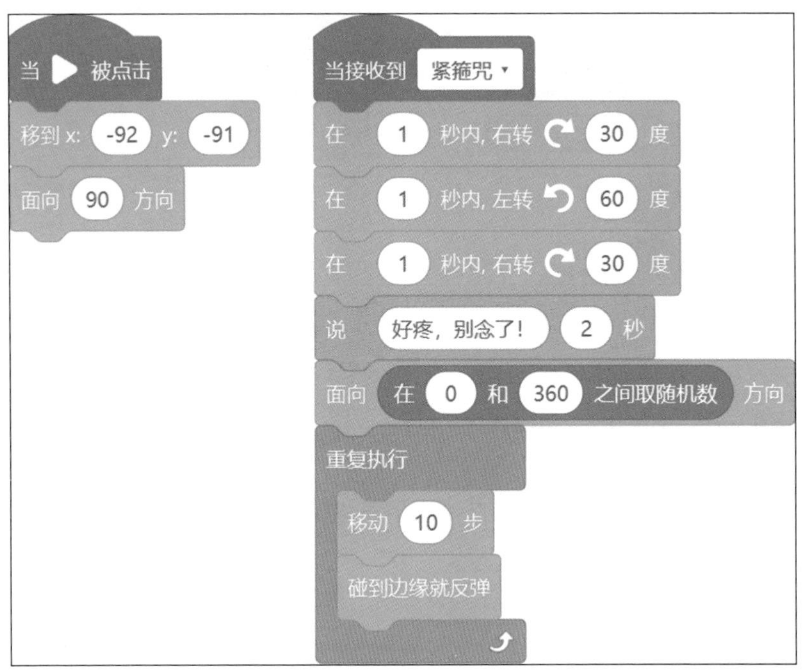

图 8-18　孙悟空 1 的完整代码

5. 孙悟空 2 初始化及难受翻滚

除了坐标位置外，孙悟空 2 与孙悟空 1 的代码完全相同，可通过上述步骤，对孙悟空 2 的代码进行搭建，如图 8-19 所示。

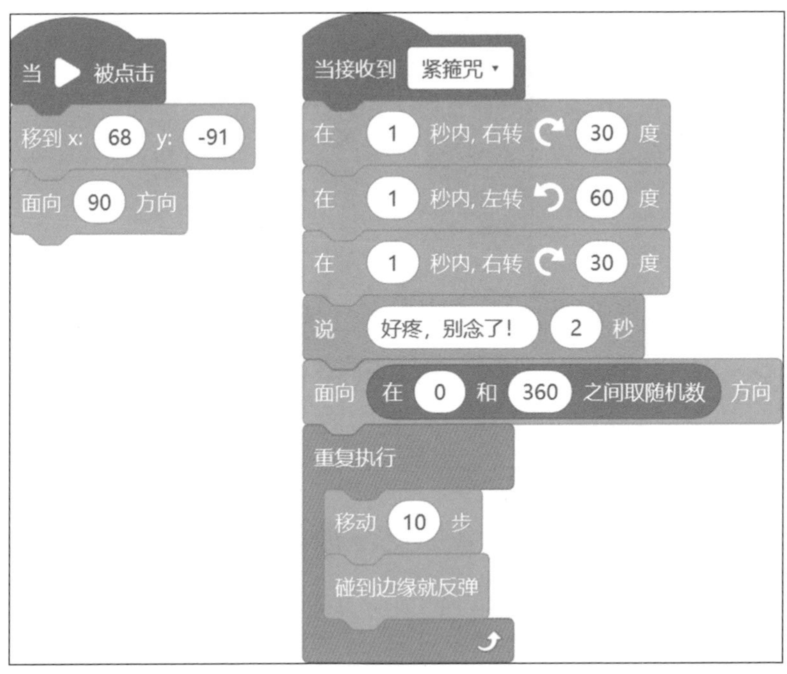

图 8-19 孙悟空 2 完整代码

除了重新搭建代码的方法外，也可以采用拖曳的方式，将孙悟空 1 的代码复制给孙悟空 2，实现角色间代码的复制，步骤如下：

1）选择角色背景区的“孙悟空 1”图标，编程区显示“孙悟空 1”的两段代码，将鼠标放置在其中一段代码最开始的一块积木上，如图 8-20 所示。

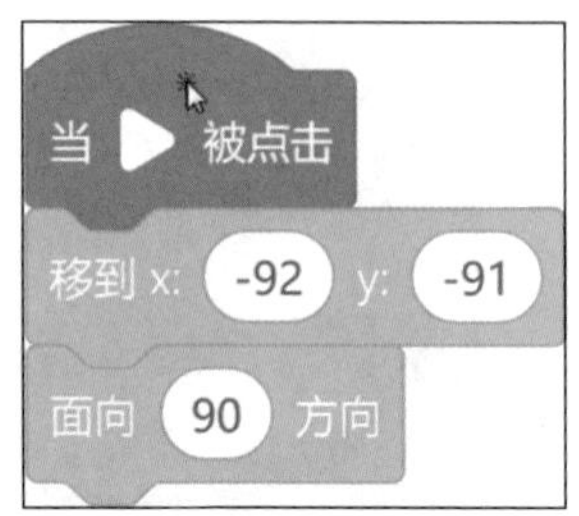

图 8-20　选中一段积木

2）按住鼠标左键，拖动这段代码移动至角色背景区“孙悟空 2”的图标上，注意在这个过程中不要松开鼠标左键，会发现“孙悟空 2”变为被选中的状态，且图标左右抖动，如图 8-21 所示。

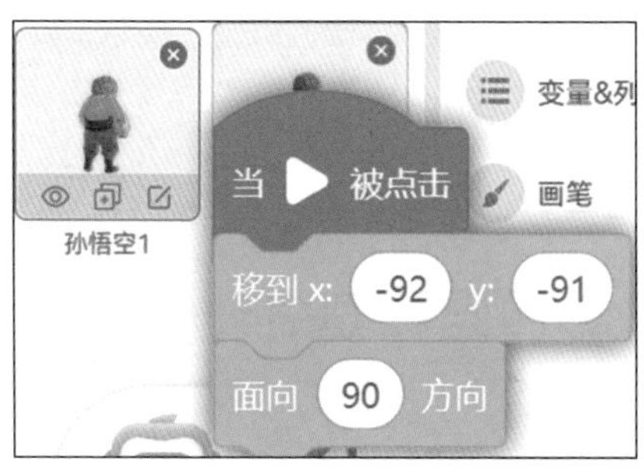

图 8-21　拖曳代码给孙悟空 2

3）松开鼠标，被拖曳的代码回到编程区的远处，同时“孙悟空 2”这个角色下增加了一段相同的代码，如图 8-22 所示。

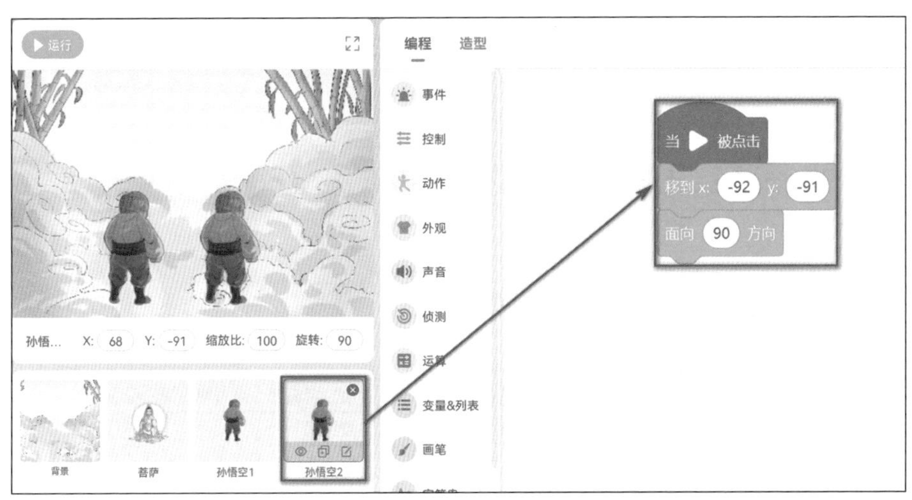

图 8-22　孙悟空 2 代码

4）重复以上操作，将“孙悟空 1”的两段代码都复制到“孙悟空 2”的角色下，注意不要忘记修改“孙悟空 2”的初始化参数。

当完成了所有的编程创作，点击左上角的 ▶运行 按钮，故事动画效果出现。这时可查看是否和演示程序一致。

8.4.3　动动手：保存作品

按照所熟悉的方式，将这个新作品继续导出到电脑中的编程创作专属文件夹中。

8.5 理一理：编程思路

真假美猴王的编程思路如图 8-23 所示。

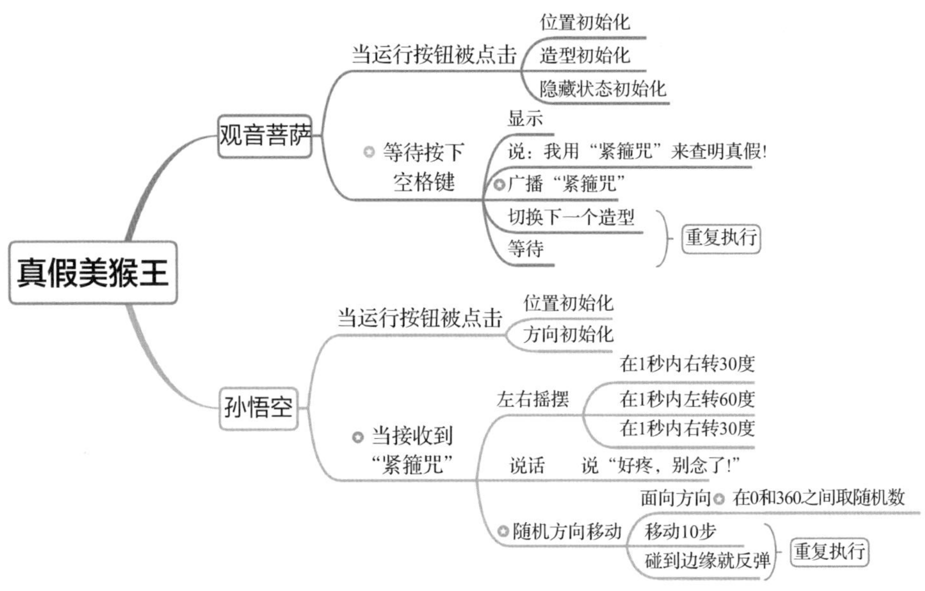

图 8-23 “真假美猴王”编程思路

8.6 学做小小程序员

通过“真假美猴王”的作品创作，我们获得了随机数、等待、按键侦测、碰到边缘就反弹等图形化编程创作的基本知识与技能，如表 8-1 所示。

表 8-1 “真假美猴王”作品创作中的主要编程知识及能力等级对应

知识点	知识块	CCF 编程能力等级认证
随机数	编程数学	GESP 一级
等待	三大控制结构	GESP 一级
按键侦测	侦测与控制	GESP 一级
碰到边缘就反弹	角色的操作	GESP 一级

1. 随机数

在 1 和 10 之间取随机数 属于“运算”类积木，它的作用是随机得到设定区间中的任意一个值。该积木的两个椭圆空白框，分别是随机数的最小值和最大值。数值可以是正数、负数，也可以是整数、小数。在 1 和 10 之间取随机数 一般适合与其他的积木嵌套使用。

2. 等待

在“控制”类积木中，不仅有与等待特定时间相关的 等待 1 秒 等待 1 分 积木，也有 等待 积木需要与“侦测”类积木结合使用。等待 ◇ 可以判断某一条件是否达成，进而执行之后的积木指令。

3. 按键侦测

按下 空格▾ 键? 是“侦测”类的积木，它用于侦测指定的按键是否按下，如果按下，返回值为真，如果没有按下，返回值为假。按下 空格▾ 键? 不能单独使用，一般用在条件表达式中，与条件判断积木或条件循环积木配合使用。可侦测的按键有空格键、上下左右键、任意键、英文字母 a-z 键、数字 0-9 键。

4. 碰到边缘就反弹

碰到边缘就反弹 属于“动作”类的积木，由于舞台的宽和高都是有限的，因此可以明确设定当角色运动到舞台边缘后应如何运动。这块积木的作用是将舞台的四条边作为边缘，当角色碰到边缘时，改变角色的面向方向，向相反方向移动。

8.7 走近信息科技

六耳猕猴冒充孙悟空，两个美猴王的行为、神情都一模一样。观音菩萨也不知道哪个是真的，哪个是假的，玉帝、唐僧、阎王等人也都无法分辨二人的真假。我们不禁为孙悟空抱不平，也慨叹六耳猕猴竟然可以达到如此以假乱真的程度。

你可曾想过，竟然有人利用 AI 技术玩起“真假美猴王”的骗术？

如图 8-24 所示，在成功提取了目标人物的声音和照片后，利用 AI 换脸技术，无论男女老少，都可以成为被替换的目标人物。所以，即使我们用电子设备遇到了一个声音、相貌几乎一样的“熟人”，电子设备背后也可能是一个你从未见过的“陌生人”。

常保持警惕之心，对视频、语音以及视频聊天，都不能信以为真。尤其面对索要电话号码、银行账号、身份证号等信息的时候，更是要提高警惕。可以让对方用手指在脸上不断移动、左右转头等方式进行验证。

图 8-24　AI 换脸技术诈骗

你可曾想过，竟然有人在线编造假消息，还有人当作“传话筒”？

“捡到一个高考准考证，刘伟，考点在一中，请朋友们转发，让刘伟联系这个号码 xxxxxxxxxxx，一定帮他群发一下，别耽误孩子高考！别耽误孩子高考！”

这是很多人见到就会转发的消息。看到这条信息，你是不是也会为刘伟同学捏把汗，你是不是也想马上转发让更多人知道从而帮助这位同学？

其实，这已经是在网络上流传多年的虚假消息。请一定先冷静分析后再处理，可以先联系相关的招生考试机构核对信息的真假，而不是未经核对就转发；也不要盲目拨打信息中的联系电话甚至按照电话的指导操作，这类信息所留的手机号一般都是诈骗电话。

你可曾想过，很多广泛传播的“常识”是造谣？

民以食为天，关于饮食的信息是很多人特别关心的大事之一。然而“吃无蔗糖食品 = 吃无糖食品”“益生菌饮品是用牛奶做出来的”“喝果汁 = 吃水果”这些信息是真的吗？用网站搜索信息，排在前面的信息一定比后面的重要吗？

以外，有不少自媒体会发布博取眼球的虚假新闻，吸引粉丝、提高流量。还有些搜索网站会销售搜索关键词，导致检索结果并不是越靠前越权威。

网络是一个虚拟世界，行走于其中的我们既要享受便利与创新，也要时刻保持警惕，还要勤于核对信息是否真实可靠，做到不信谣、不传谣，不给不法分子可乘之机。

第9章

拯救火焰山

先天下之忧而忧，后天下之乐而乐。

——《岳阳楼记》

9.1 讲故事

有了孙悟空的保护，师徒四人的取经之路总算是有惊无险。然而当他们趋近下一座山脉时，却发现了一个怪现象：此时已是入秋的时节了，四人却越走越热，直至口干舌燥、汗流浃背。孙悟空打听到，这个地方有一座火焰山，大火绵延八百里。此处的百姓苦不堪言，每十年就要拜一次铁扇公主，请她用芭蕉扇施法降雨，才得以勉强种地糊口。

孙悟空听闻此事，决心借来芭蕉扇以解除附近村民的疾苦。谁知铁扇公主的儿子，竟是之前被降服的红孩儿。铁扇公主因此怀恨在心，不愿将宝扇借给悟空。直接讨要不成，悟空心生一计，他摇身一变，变成一只小虫钻进铁扇公主的肚子里，借来了宝扇。不料，这个扇子是个假芭蕉扇，将火焰山的火扇得更旺了。于是，悟空又生一计，这次他变成牛魔王，从铁扇公主那里骗走了真扇子，可是又被半路赶来的牛魔王装成八戒的样子给骗了回去。最终，孙悟空在众仙的帮助下，合力降服了牛魔王，迫使铁扇公主献出宝扇，她告知悟空连扇四十九下，便可断绝火焰山的火根。

孙悟空拿起扇子飞向山头，举起硕大沉重的芭蕉扇，开始不断挥动。只见，挥动了 1 次，火焰山的火苗就已经熄灭；挥动第 2 次，火焰山上清风习习，飘落蒙蒙细雨，火焰山上萌生了一丝绿意；挥动第 3 次，火焰山上大雨倾盆，小草露出了头，花儿开始绽放，树木开始舒展绿色的枝丫……

孙悟空连续扇了 49 下，彻底断了火焰山的火根，当地的百姓就再也不用受高温干涸之苦了。之后，唐僧师徒又继续向西赶路了。

9.2 看程序

扫描二维码，按以下方法操作，可以看到本案例的呈现效果。

1）点击 ▶运行 按钮后，漫山火焰，孙悟空高举芭蕉扇。屏幕左侧显示扇动次数为 0，如图 9-1 所示。

图 9-1　点击运行后漫山火焰

2）用鼠标点击孙悟空后，悟空开始扇扇子。扇动一次扇子后，火焰熄灭，孙悟空说“火熄灭了！”，屏幕左侧显示扇动次数为 1，如图 9-2 所示。

图 9-2　扇动一次后火熄灭了

3）孙悟空第二次扇扇子，火焰山出现微风与绿意，孙悟空说“刮风了！”，屏幕左侧显示扇动次数为 2，如图 9-3 所示。

4）孙悟空第三次扇扇子，火焰山出现大雨，焕然一新，孙悟空说“下雨了！”，屏幕左侧显示扇动次数为 3，如图 9-4 所示。

图 9-3　扇动两次后刮风了

图 9-4　扇动三次后下雨了

9.3 学设计

这个程序只有孙悟空 1 个角色，它拥有两个扇扇子动作的造型。该程序的背景包括 4 个造型，分别代表火焰山的不同状态。

这个程序的实现，包括 3 个功能模块，分别是“设置初始背景”“孙悟空扇扇子”和“火焰山改变及孙悟空感叹”。

1. 设置初始背景

当运行被点击后，背景呈现漫山火焰的背景。

2. 孙悟空扇扇子

1）当运行被点击后，孙悟空在初始位置呈现“举扇”造型。

2）当角色被点击后，重复执行 3 次下列动作：

①换成“扇扇”造型，等待一段时间。

②换成“举扇”造型，等待一段时间。

3. 火焰山改变及孙悟空感叹

1）新建变量“扇动次数”并初始化为 0。

2）每扇动一次，将变量“扇动次数”增加 1。

3）进行条件判定：

①如果变量“扇动次数”等于 1，背景换成“扇 1 次后的背景”，孙悟空说“火熄灭了！”；

②如果变量“扇动次数”等于 2，背景换成“扇 2 次后的背景”，孙悟空说“刮风了！”；

③如果变量“扇动次数”等于 3，背景换成“扇 3 次后的背景”，孙悟空说“下雨了！”。

9.4 编写程序

若想实现“设置初始背景”“孙悟空扇扇子”和“火焰山改变及孙悟空感叹”3 个功能模块的功能，具体方法如下。

9.4.1 动动手：布置舞台

准备好本章所需资源“案例 9- 拯救火焰山”。通过导入“拯救火焰山 基础案例 .ppg”文件，布置好火焰山的 4 个背景，增加孙悟空的角色，如图 9-5 所示。

图 9-5 舞台效果图

9.4.2 动动手：搭积木

按如下流程操作，完成“拯救火焰山”的积木搭建。

1. 设置初始背景

1）选择角色背景区的“火焰山”图标，确保对背景

“火焰山”进行编程，如图 9-6 所示。

图 9-6　选择背景“火焰山”

2）将鼠标移至“事件”类积木中，找到积木 当 ▶ 被点击 ，拖曳到编程区，如图 9-7 所示。

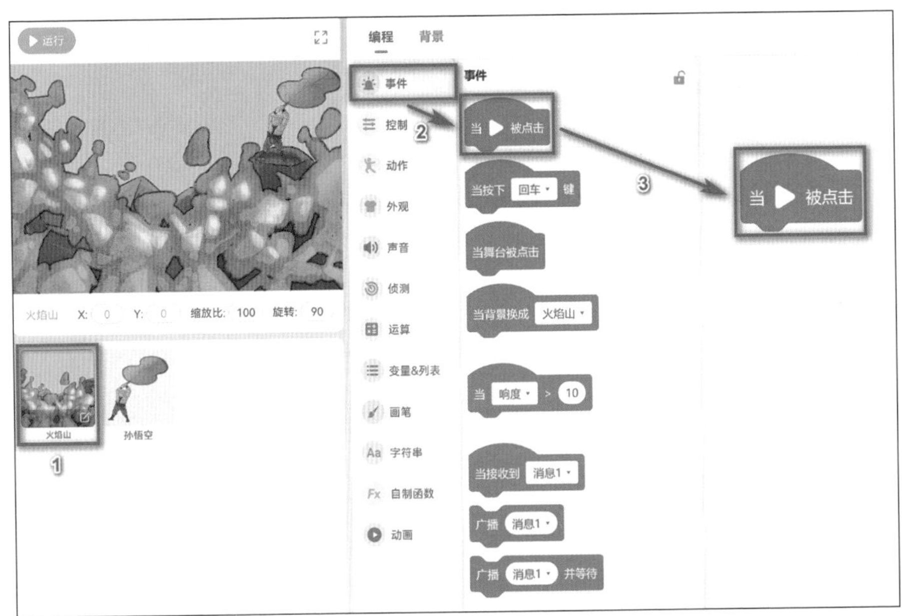

图 9-7　拼接“当运行被点击”事件积木

3）在“外观”类积木，找到积木

，将其拼接到 当 被点击 下方，将背景造型名称修改为“火焰山”，如图 9-8 所示。

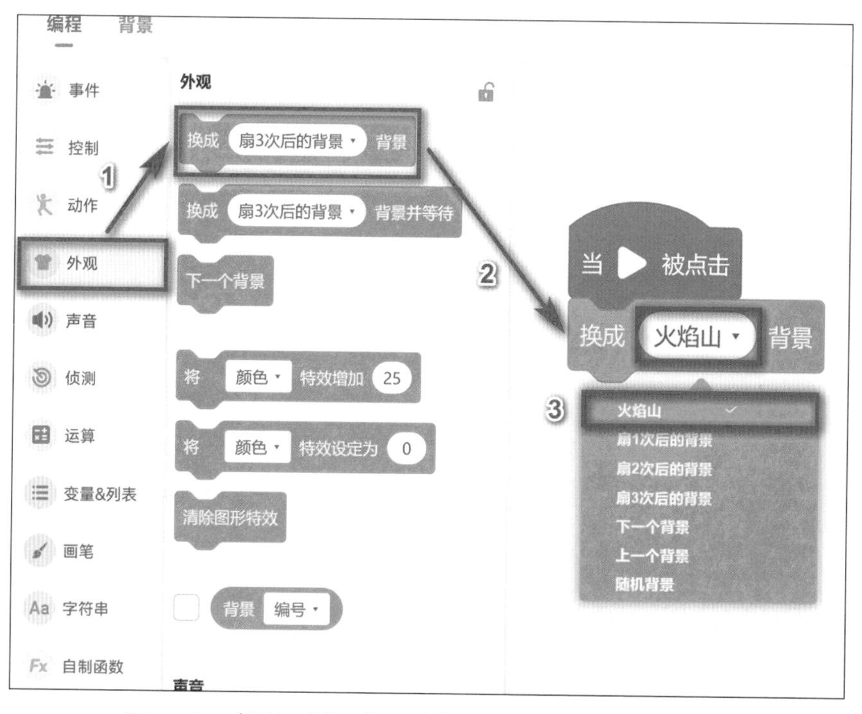

图 9-8 拼接“换成‘火焰山’背景”外观积木

2. 孙悟空初始化

1）选择角色背景区的“孙悟空”图标，确保对角色“孙悟空”进行编程，如图 9-9 所示。

图 9-9　选择角色“孙悟空”

2）将鼠标移至“事件”类积木中，找到积木 当 ▶ 被点击 ，拖曳到编程区。

3）在“动作”类积木，找到积木 移到 x: 178 y: 105 ，将其拼接到 当 ▶ 被点击 下方。

4）在“外观”类积木，找到积木 换成 扇扇 ▾ 造型 ，将造型名称修改为“举扇”，如图 9-10 所示。

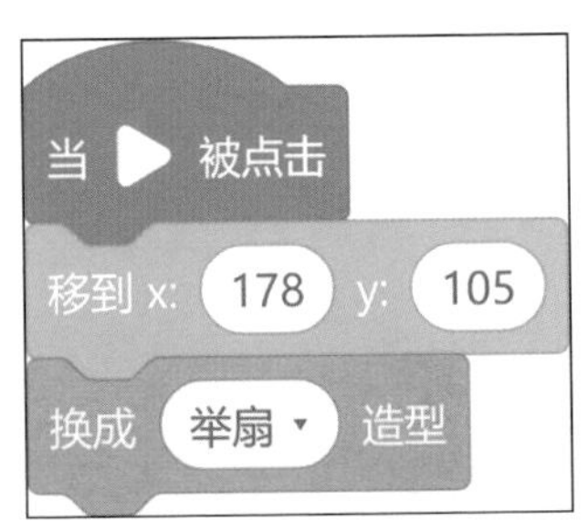

图 9-10　换成“举扇”造型

3. 孙悟空被点击后扇动扇子

1）将鼠标移至“事件”类积木中，找到积木 当角色被点击 ，拖曳到编程区。

2）在“控制”类积木中，找到积木 重复执行 10 次 ，拖曳到编程区，把“10”修改为“3”，如图 9-11 所示。

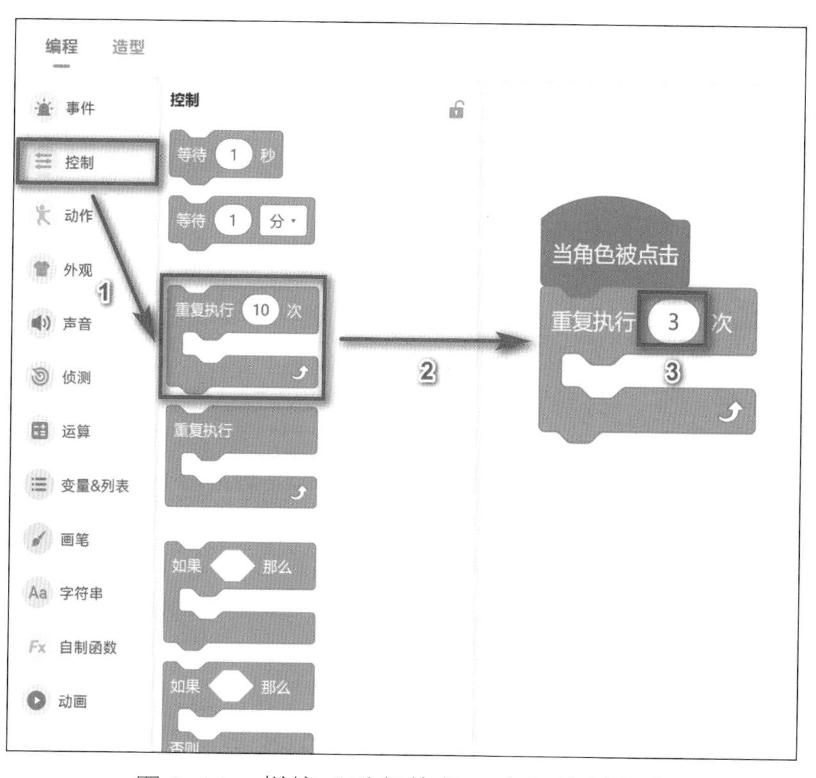

图 9-11　拼接“重复执行 3 次”控制积木

3）通过造型变化及造型保持一定时间，模拟扇扇子。由于初始化造型是“举扇”，所以扇扇子的过程，需要先呈现“扇扇”造型，再切换到“举扇”造型。

①在“外观”类积木，找到积木 换成 扇扇 造型 ，拖曳到重复执行内部。

②在“控制”类积木中，找到积木 等待 1 秒 进行拼接，将“1”修改为“2”。

③在“外观”类积木中，找到积木 换成 扇扇 造型 进行拼接，将造型名称修改为“举扇”。

④在“控制”类积木中，找到积木 等待 1 秒 ，继续进行拼接。

这样就完成了孙悟空被点击后扇动 3 次扇子的代码，如图 9-12 所示。

4. 火焰山出现不同景象及孙悟空感叹

这个步骤中，需要记录扇扇子次数，并据此判断背景图片和孙悟空台词如何选择，这里需要用到“变量”。

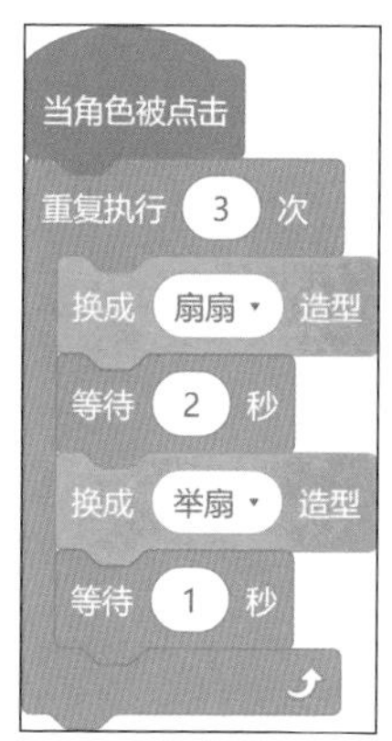

图 9-12 “孙悟空被点击后扇动扇子”代码

1）建立变量并初始化。

①在“变量 & 列表”类积木中，选择“建立一个变量”命令，如图 9-13 所示。

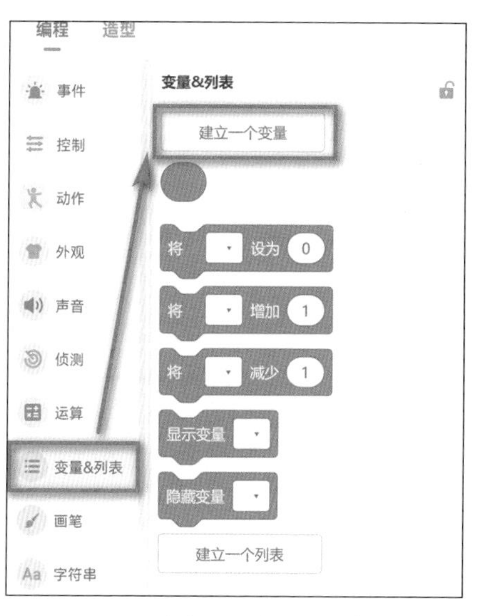

图 9-13 选择“建立一个变量”

②在所弹出的窗口中，输入“扇动次数”，作为新变量名，然后点击“确定”按钮，如图 9-14 所示。

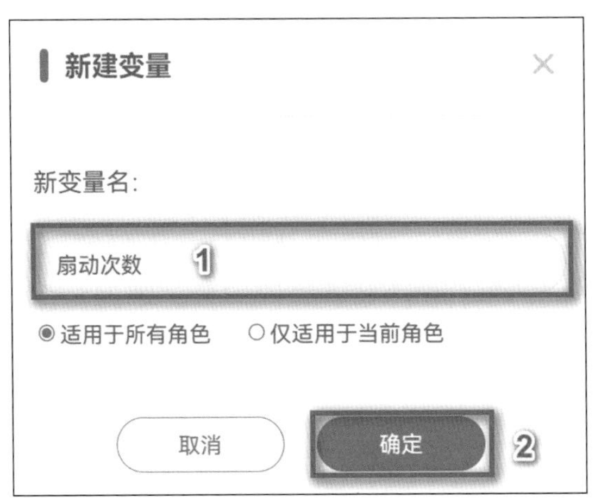

图 9-14　新建变量

这样就出现了变量“扇动次数”，如图 9-15 所示。

图 9-15　在变量 & 列表积木盒子中出现了变量“扇动次数”

③在孙悟空初始化积木块组中，进行变量值的初始化。

在“变量 & 列表”类积木中，找到积木 将 ▾ 设为 0 ，拖曳到编程区，放到初始化积木组的最下方。点击白色矩形下拉框，选择变量名称“扇动次数”，如图 9-16 所示。

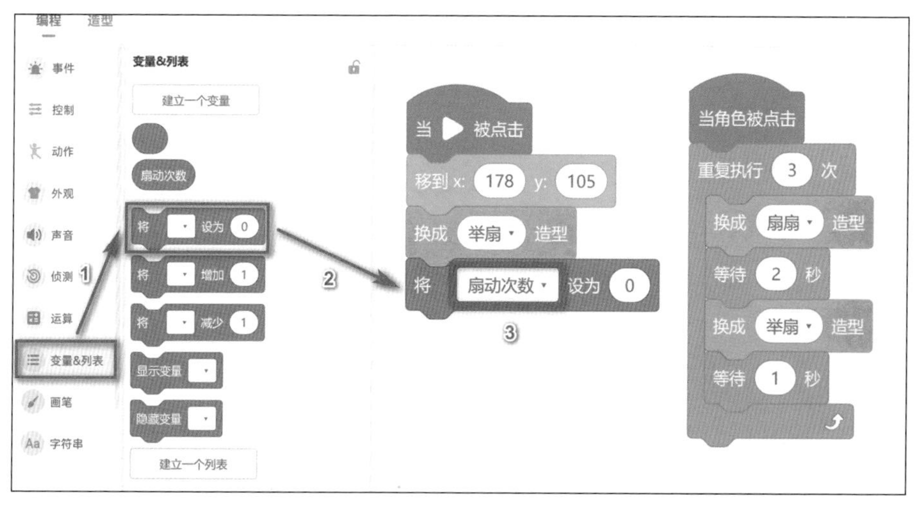

图 9-16　变量值初始化

④为了在程序运行中舞台能够显示变量，在“变量 & 列表”类积木中，找到积木 显示变量 ▾ ，拖曳到编程区。点击白色矩形下拉框，选择“扇动次数”，如图 9-17 所示。

到这里就完成了“扇动次数”变量的建立与初始化。

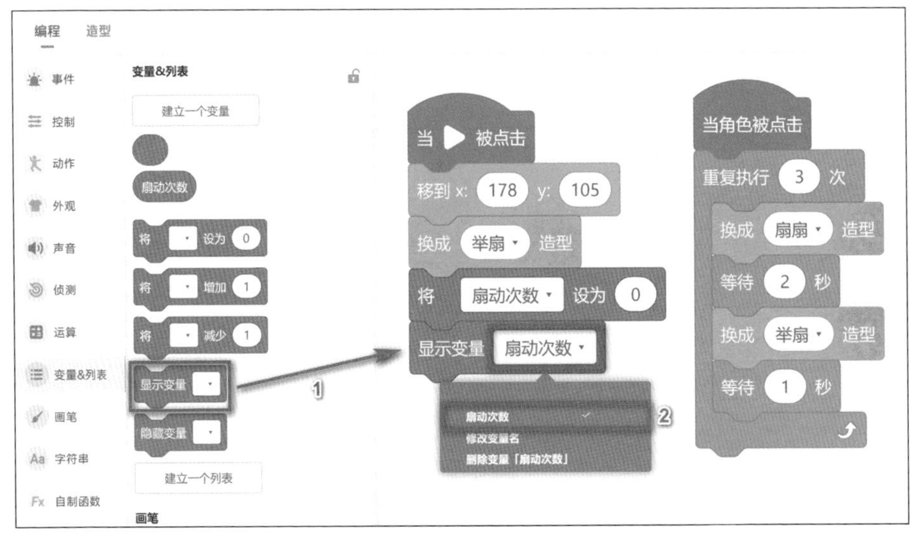

图 9-17　变量显示属性初始化

2）每扇 1 次后“扇动次数”变量增加 1。

在之前的步骤中，我们实现了孙悟空 3 次扇扇子。而每扇 1 次扇子，“扇动次数”变量将随之增加 1。因此，需要在完成两次造型变换并且等待的积木后，修改“扇动次数”变量的值。

在“变量 & 列表”类积木中，找到 将 ▾ 增加 1 ，拖到 等待 1 秒 下方。点击白色矩形下拉框，选择“扇动次数”，如图 9-18 所示。

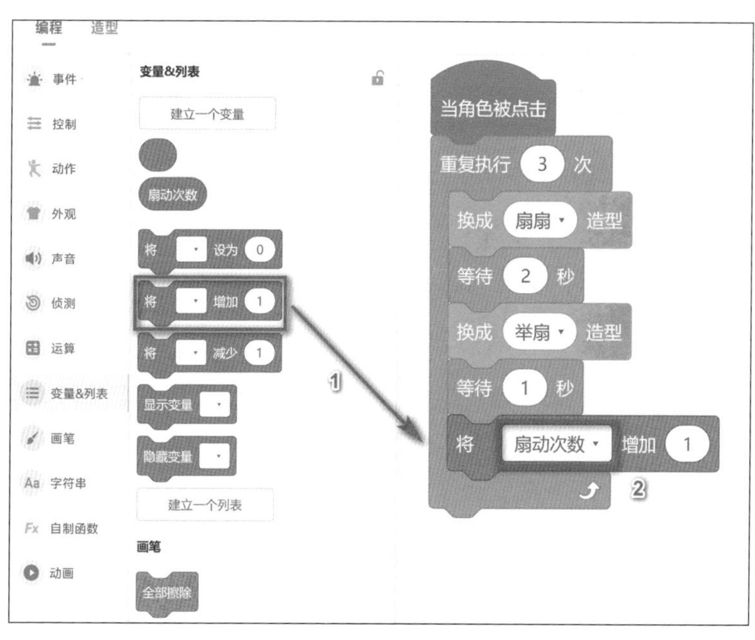

图 9-18　拼接“将扇动次数增加 1”变量积木

3）如果“扇动次数”变量的值为 1，背景切换为火焰熄灭造型，即在扇 1 次后的背景里，孙悟空说“火熄灭了！”

①在“控制”类积木中，找到积木 如果 那么 ，拼接到 将 扇动次数 增加 1 下方，如图 9-19 所示。

②在“运算”类积木块中，找到积木 = 50 ，拖曳到“如果”后面的六边形判断框中，将“50”修改为“1”，如图 9-20 所示。

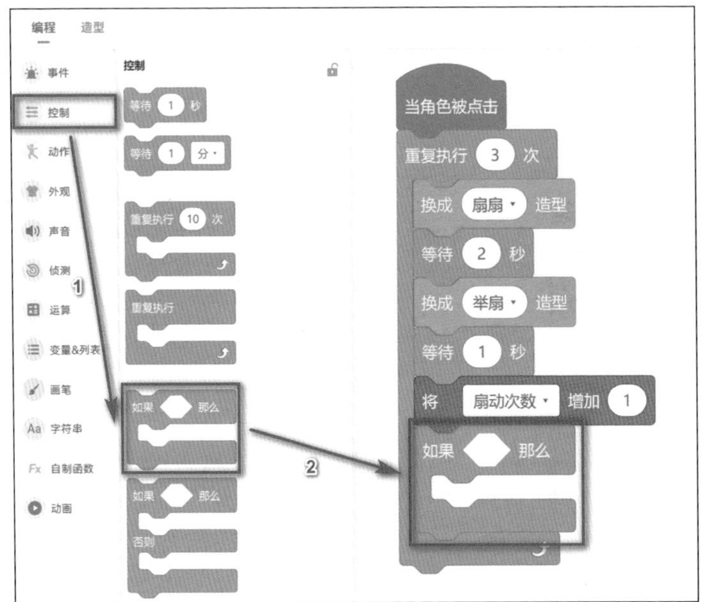

图 9-19　拼接“如果……那么”控制积木

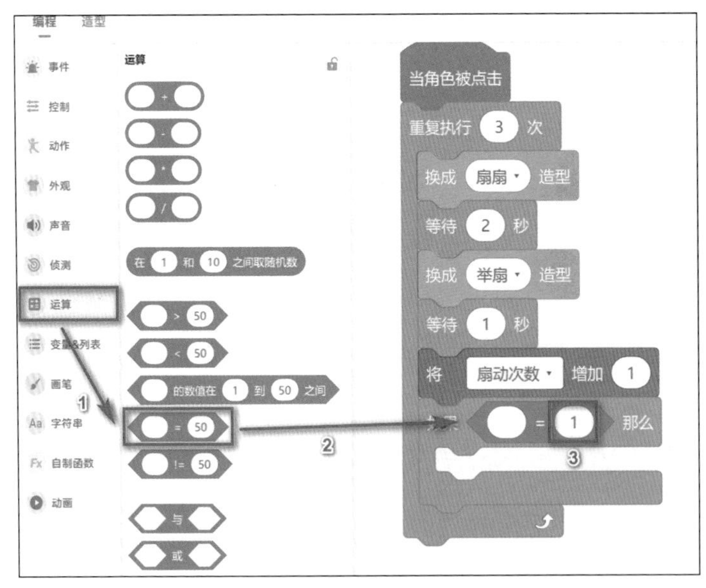

图 9-20　拼接“＝”运算积木

③在“变量＆列表”类积木中，找到变量 扇动次数 ，将其放到 (= 1) 左侧的椭圆中，如图 9-21 所示。

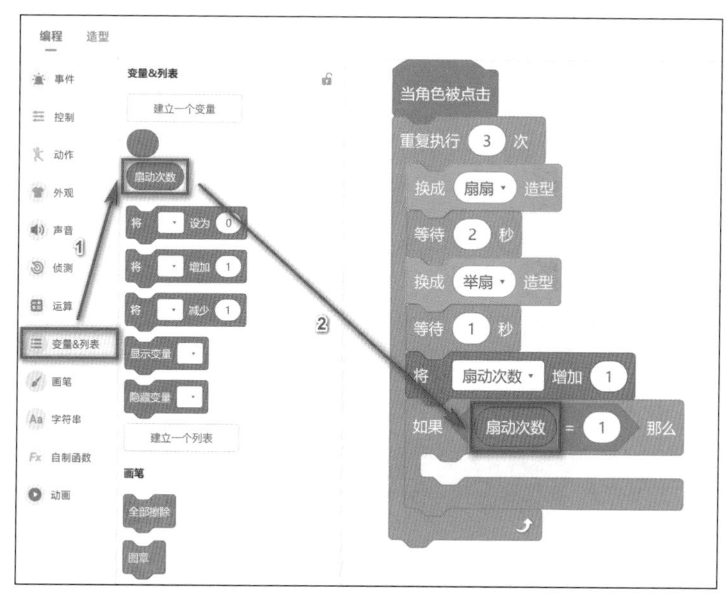

图 9-21　将“扇动次数”变量放入

④填写满足判断条件后需要执行的积木指令。在“外观”类积木中，找到积木  ，放到 如果 那么 中间的执行区域里。将造型名称修改为“扇 1 次后的背景”。

⑤在“外观”类积木中，找到积木 说 你好！ 2 秒 ，将

“你好！”修改为“火熄灭了！”目前为止，程序如图 9-22 所示。

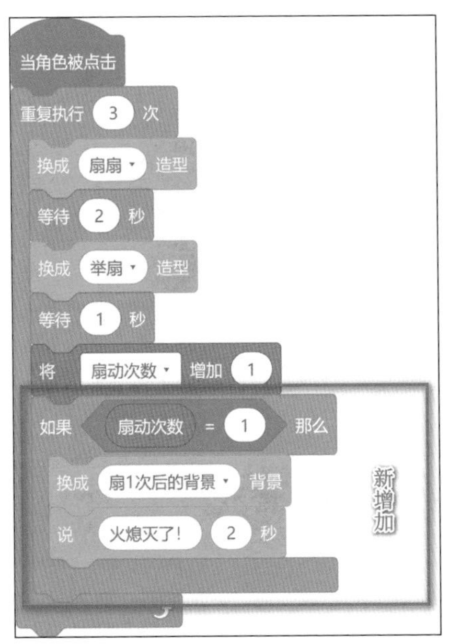

图 9-22　实现扇 1 次后功能所需代码

4）如果“扇动次数”变量的值为 2 或 3，进行相应的背景切换，同时孙悟空感叹。

该步骤与上一步骤的逻辑相同，我们可以通过“复制”功能生成同样的积木组，然后再进行具体修改。

① 如图 9-23 所示，将鼠标移到上述积木块的 如果 那么 上，单击鼠标右键，选择其中的“复制”命令，即可复制鼠标所点击位置及下方的所有积木。再这

样重复操作一次，复制出两组新的积木。

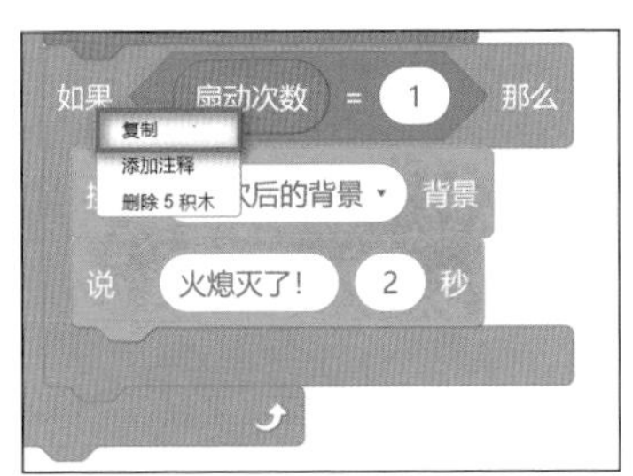

图 9-23　复制积木

②将两组新的 如果 那么，拼接回第一组 如果 那么 下方。

③对新复制出的两组积木中的变量值、背景造型名称、说话的文字进行修改，修改后的两组积木如图 9-24 所示。

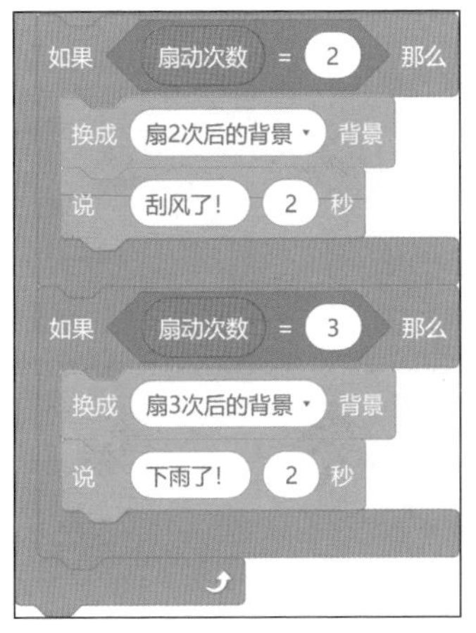

图 9-24　实现扇多次后功能所需代码

当完成了所有的编程创作（如图 9-25 所示），点击左上角的 ▶运行 按钮，故事动画效果出现。这时可查看是否和演示程序一致。

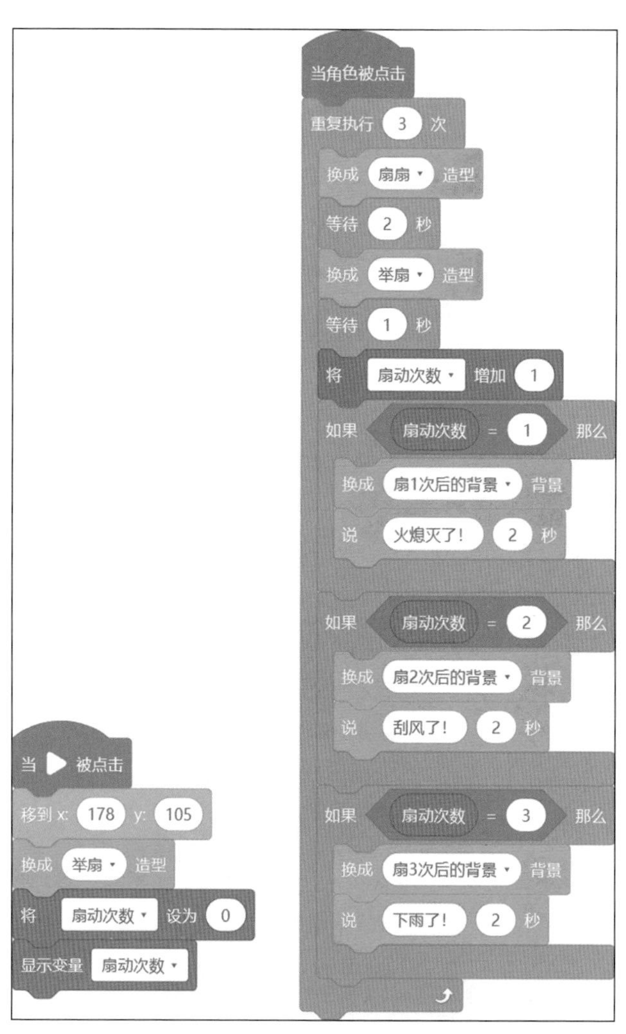

图 9-25 “拯救火焰山”完整代码

9.4.3 动动手：保存作品

将这个新作品继续导出到计算机中的编程创作专属文件夹中。

9.5 理一理：编程思路

拯救火焰山的编程思路如图 9-26 所示。

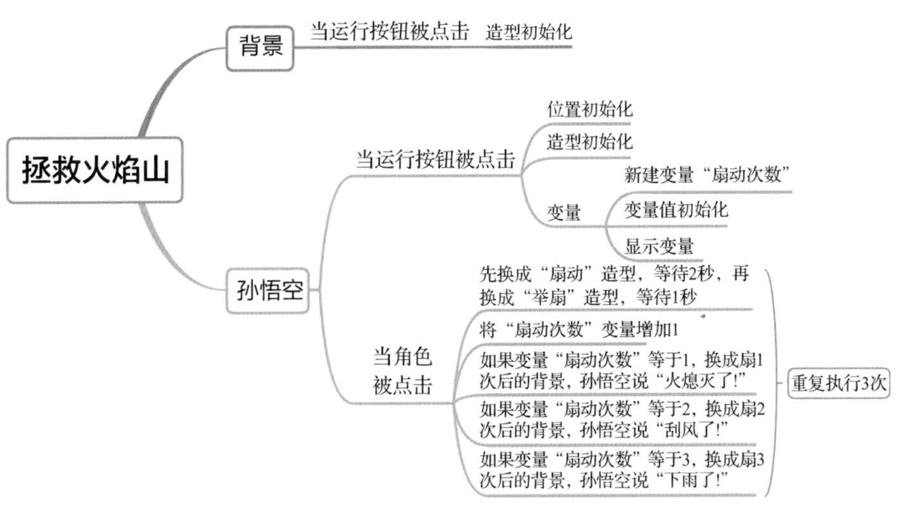

图 9-26 “拯救火焰山”编程思路

9.6 学做小小程序员

通过“拯救火焰山”的作品创作，我们获得了切换背景、有限次数循环、建立变量与初始化、修改变量值、根据变量值进行判定等完成图形化编程创作的基本知识与技能，如表 9-1 所示。

表 9-1 “拯救火焰山”作品创作中的主要编程知识及能力等级对应

知识点	知识块	CCF 编程能力等级认证
切换背景	背景的操作	GESP 一级
有限次数循环	三大基本结构	GESP 一级
建立变量与初始化	变量	GESP 二级
变量值的修改	变量	GESP 二级
根据变量值进行条件判定	变量	GESP 二级

1. 切换背景

不仅角色可以拥有不同造型并进行切换，背景同样可以进行不同造型的切换。利用“外观”类的积木 换成 扇3次后的背景 背景，可以切换舞台的背景图片。

2. 有限次数循环

角色不但可以不断重复执行某个或某些动作，还可以将某个或某些动作重复执行固定次数。利用“控制”类积木中的积木 重复执行 10 次 就可以完成这样的效果，将数字修改为多少，就能将其内部的积木块执行多少次。

3. 建立变量与初始化

变量是计算机语言中储存计算结果或表示数值的抽象概念。变量可以通过变量名访问。通过在“变量 & 列表”类积木中的“建立一个变量”命令，建立变量；通过“变量 & 列表”类积木中的 将 ▾ 设为 0 ，可以为变量赋予一个初始值；通过“变量 & 列表”类积木中的 显示变量 ▾ ，可以让变量名和变量值在舞台上显示出来。

4. 变量值的修改

利用“变量 & 列表”类积木中 将 ▾ 增加 1 和 将 ▾ 减少 1 ，可以分别进行变量值的增加或减少。

5. 根据变量值进行条件判定

我们可以利用变量值大小作为判定条件。例如，利用“运算”类积木块中的 ( ) = (50) ，可以将“当前的变量值是否等于某个值”作为判定条件。

9.7 走近信息科技

如果让你指导小朋友刷牙，也许“上面的牙往下刷，下面的牙往上刷，里面的大牙来回刷”的刷牙儿歌会浮现在你的脑海，而牙膏品牌、水杯款式、长了多少颗牙齿或者有没有牙齿脱落，这些细节都没有在你的考虑范围。

如果有人请你帮忙指路，你会告诉她“一直往前走，到第一个红绿灯右转，然后继续往前走，到了第二个红绿灯，在马路右侧就是你要找的公园”。这个过程中，你并没有思考马路是否有叉路，是否有指示牌、是否有特别的植物、是否有标志性建筑这些细节。

如果你做了很多两位数加两位数的运算，通过细心分析，你会总结出这样的规律“相同数位要对齐；从个位加起；个位相加满十，向十位进 1”。

像这样，直接抓住事物的本质，忽略某些细节，就是抽象。通过抽象，我们可以更高效地思考，形成对事物的深刻认识。

在“拯救火焰山”的创作过程中，也包括抽象。将整个程序分为“背景和孙悟空初始化”“孙悟空扇扇子”和“火焰山改变及孙悟空感叹”3 个功能模块，这是功能抽象；重复执行 3 次“扇扇子、举扇子”是对孙悟空动作的过程抽象；将每一次生动的扇扇子动作，转化为扇动次数变量并加以累计，这就涉及了数据抽象。

当我们将抽象的模型用计算机来实现，就有助于计算机自动化求解。例如，当变量“扇动次数”分别等于 1、2、3 时，舞台背景就会自动切换。像这样，以自动方式控制过程，将人为干预降到最低，就是自动化。我们当前的生活中，就有很多自动化的身影。

早上起不来，晚上不想睡？你可以通过智能家居来培养作息习惯。晚上，在预定的时间让智能音箱自动提醒并播放催眠曲，同时触发窗帘自动关闭；早上，在预定的时间让智能音箱播放悦耳的唤醒音乐，然后触发窗帘自动打开，迎接美好的清晨阳光。这些自动化处理，只需要我们提前做好智能家居的使用条件设置。

出入高速公路，下车缴费太麻烦？安装过电子不停车收费系统（ETC）的车辆，在经过高速路口的时候不需要停车就可以自动扣除高速通行费，再也不用担心缴费时排队。收费过程是不需要人工干预的。

其实，快递的自动化分拣、商品的自动结算、农田的自动播种、汽车的自动组装、药品的自动配置、校园安全的自动检测等系统无一例外都离不开自动化处理。将生活中的问题进行抽象建模，然后利用电脑或机器人自动化解决问题，可以代替我们完成很多重复性工作，提高工作质量与效率。

第 10 章

奏乐庆功

有志者事竟成。

——《后汉书·耿弇列传》

10.1 讲故事

唐僧师徒四人历经千难万苦，终于来到了西天圣地。这里鸟语花香，树木茂盛。师徒四人在接引佛祖的帮助下拜见了如来佛祖，并求取经书。可是，两位负责挑经书给唐僧的尊者却偷偷给了他们无字经书。在燃灯古佛指点下，白雄尊者故意攻击师徒四人，这才使唐僧发现取得的竟是无字经书。

师徒四人只得重返圣地换取真经，在拜见如来佛祖后，由八大金刚护送回国。可是菩萨查看了历难簿，却发现唐僧师徒只经受了八十难。九九归真，还少一难。于是，八大金刚将师徒四人坠到通天河边，师徒四人又被驮他们过通天河的老龟甩入水中。慌乱中师徒四人始终不忘护好经包，他们等到太阳升起便将经卷晾干。八大金刚再次出现，护送他们回到长安城。

长安城外，唐太宗率领文武官员迎接唐僧师徒。唐僧将自己的徒弟们一一向唐太宗介绍，又把通关文牒呈现给唐太宗。唐太宗非常高兴，特意设宴，犒劳唐僧四人。

宴席上，唐太宗请来了乐师奏乐，悦耳的音乐连绵不绝，孙悟空也拿着笛子一展技艺。

古人说："有志者事竟成。"至此，唐僧师徒四人经历了九九八十一难的磨砺，终于取得真经，修成了正果。

10.2 看程序

扫描二维码，按以下方法操作，可以看到本案例的呈现效果。

1）单击 ▶运行 按钮后，孙悟空在舞台中央，陶醉在吹木长笛中，如图 10-1 所示。

图 10-1　孙悟空站在舞台中央

2）用鼠标点击孙悟空后，弹出让我们输入演奏速度的对话框，如图 10-2 所示。

图 10-2　弹出询问对话框

3）输入数字后，反馈输入的速度，如图 10-3 所示。

图 10-3　反馈输入的演奏速度

4）之后，孙悟空一边欢快跳跃，一边演奏木长笛，如图 10-4 所示。

图 10-4　孙悟空一边跳跃一边演奏木长笛

10.3 学设计

这个程序只有孙悟空 1 个角色，它拥有 2 个体现跳跃演奏动作的造型。

这个程序的实现，包括 6 个功能模块，分别是“孙悟空初始化”“孙悟空动作拆解”“询问速度的实现”“跳跃动作的实现”“奏响木长笛的实现”“停止演奏的实现”。

1. 孙悟空初始化

1）当运行按钮被点击后，在舞台中央的初始位置；

2）呈现初始造型。

2. 孙悟空动作拆解

1）询问速度；

2）一边跳跃一边根据速度演奏木长笛；

3）停止演奏。

3. 询问速度的实现

1）询问演奏速度，等待输入具体数值；

2）保存速度，并且反馈所收到的信息。

4. 跳跃动作的实现

接收到消息后，通过造型变换实现跳跃效果。

5. 奏响木长笛的实现

1）设置乐器为木长笛；

2）设置之前输入的演奏速度；

3）按照预想乐谱演奏。

6. 停止演奏的实现

停止舞台上的所有积木。

10.4 编写程序

若想实现“孙悟空初始化”“孙悟空动作拆解”“询问速度的实现”“跳跃动作的实现”“奏响木长笛的实现”“停止演奏的实现”6 个功能模块的功能，具体方法如下。

10.4.1　动动手：布置舞台

准备好本章所需资源“案例 10- 奏乐庆功”文件夹。通过导入“奏乐庆功 基础案例 .ppg”文件，布置好舞台背景，增加包括两个造型的孙悟空角色，如图 10-5 所示。

图 10-5　舞台效果图

10.4.2　动动手：搭积木

按如下流程操作，完成“奏乐庆功”的积木搭建：

1. 孙悟空初始化

1）点击角色背景区的“孙悟空”图标，将鼠标移至“事件”类积木中，找到积木 当▶被点击，拖曳到编程区。

2）在“动作”类积木中，找到积木 移到 x: -20 y: -30，拖曳并拼接到 当▶被点击 下方。

3）在“外观”类积木，找到积木 换成 孙悟空初始造型 造型，拖曳到编程区进行拼接。记得核对造型名称是“孙悟空初始造型”，如图 10-6 所示。

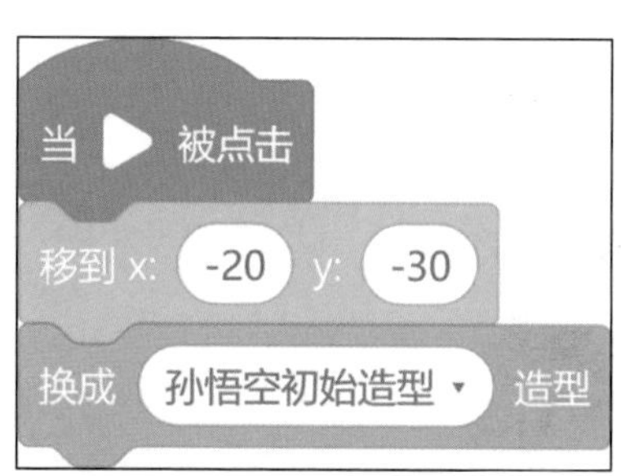

图 10-6　孙悟空初始化代码

2. 孙悟空动作拆解

孙悟空需要完成的独立动作包括：询问速度并反馈，演奏乐曲，演奏同时跳跃，乐曲结束后跳跃动作也停止，可以将其拆解为这样的积木块，如图 10-7 所示。

图 10-7　独立功能积木组代码

1）设置角色的触发事件。

在“事件”类积木中，找到积木当角色被点击，拖曳到编程区。

2）自制“询问速度”函数并调用。

①在“自制函数”类积木中，选择“制作新的函数”命令，在所弹出的“制作新的积木”窗口中，将函数名称修改为“询问速度”，如图 10-8 和图 10-9 所示。

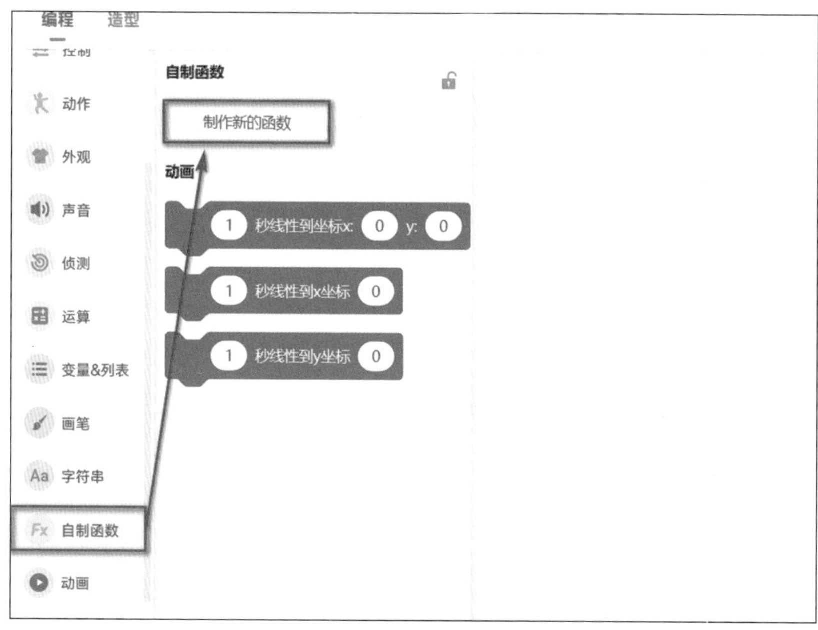

图 10-8　选择制作新的函数

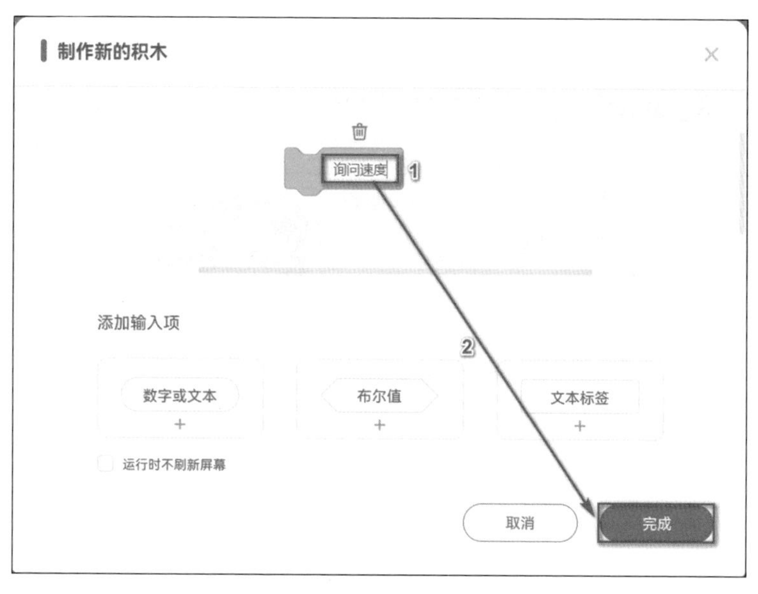

图 10-9　制作“询问速度”函数

第10章　奏乐庆功

②点击“完成”按钮，会发现两个变化：“自制函数”类积木中出现了新的积木块 询问速度 ；编程区出现了新的积木 定义 询问速度 ，如图 10-10 所示。但是还没有具体实现“询问速度”功能的积木块。

图 10-10 新增“询问速度”积木

③在“自制函数”类积木中，找到积木 询问速度 ，将其拖曳到 当角色被点击 下方，如图 10-11 所示。

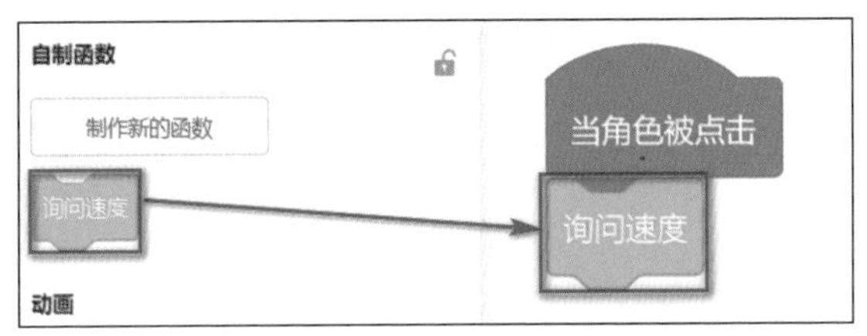

图 10-11 拖曳“询问速度”积木

3）广播“跳跃”消息。

①在“事件”类积木中，找到 广播 消息1 ，将其拼接

到询问速度下方。

②为了能够清晰辨别这个积木的作用，我们将消息名称修改为“跳跃”。点击白色椭圆后，选择“新消息”命令，如图 10-12 所示。

图 10-12　广播“新消息”积木

在所弹出的窗口中，输入消息名称“跳跃”，点击“确定”按钮，如图 10-13 所示。

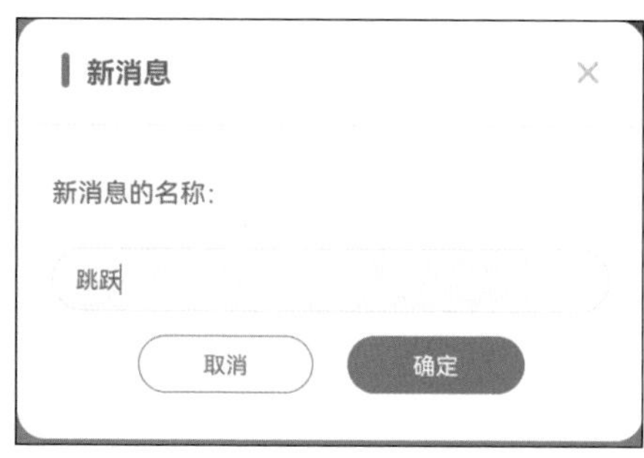

图 10-13　将新消息命名为“跳跃”

这段积木就完成了，如图 10-14 所示。

图 10-14　新增“广播跳跃”积木

4）自制“演奏”函数并调用。

①在“自制函数”类积木中，选择“制作新的函数”命令，在所弹出的“制作新的积木”窗口中，将函数名称修改为“演奏”，如图 10-15 所示。

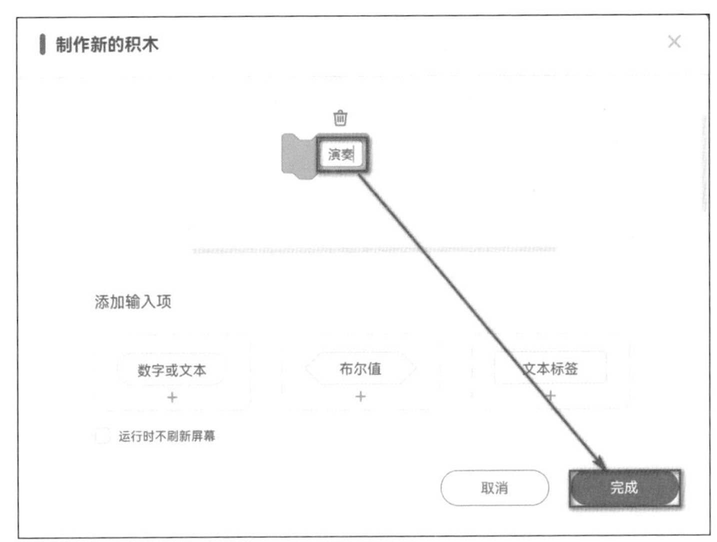

图 10-15　制作“演奏”函数

②点击“完成”按钮，仍然会发现两个变化：“自制

函数”类积木中出现了新的积木块 演奏 ；编程区出现了新的积木 定义 演奏 ，如图 10-16 所示。但是还没有具体实现“演奏”功能的积木块。

图 10-16　新增“演奏”积木

③在“自制函数”类积木中，找到积木 演奏 ，将其拖曳到 广播 跳跃 下方，如图 10-17 所示。

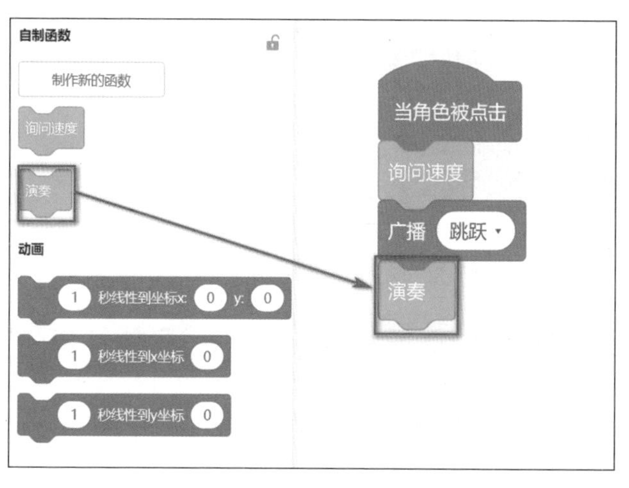

图 10-17　拖曳“演奏”积木

5）自制“停止”函数并调用。

与步骤 2）和步骤 4）类似，在“自制函数”类积木中，选择“制作新的函数”命令，在所弹出的“制作新的积木”窗口中，将函数名称修改为“停止”。

然后，在“自制函数”类积木中，找到积木 停止 ，将其拖曳到 演奏 下方，如图 10-18 所示。

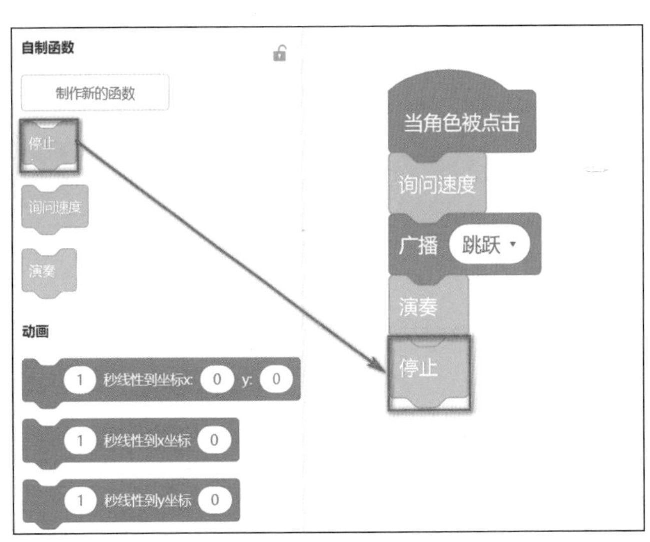

图 10-18　拖曳“停止”积木

现在完成了 3 个函数的定义，还有一个广播消息，接下来要完成 3 个函数的积木拼接，并且实现接收消息后的积木拼接。

3.“询问速度”的实现

在编程区找到 定义 询问速度 ，搭建积木实现“询问速度”的功能。

1）在“侦测”类积木中，找到 询问 你叫什么名字? 并等待，拖曳到 定义 询问速度 下方，将“你叫什么名字?”修改为“请输入演奏速度的数字”，如图 10-19 所示。

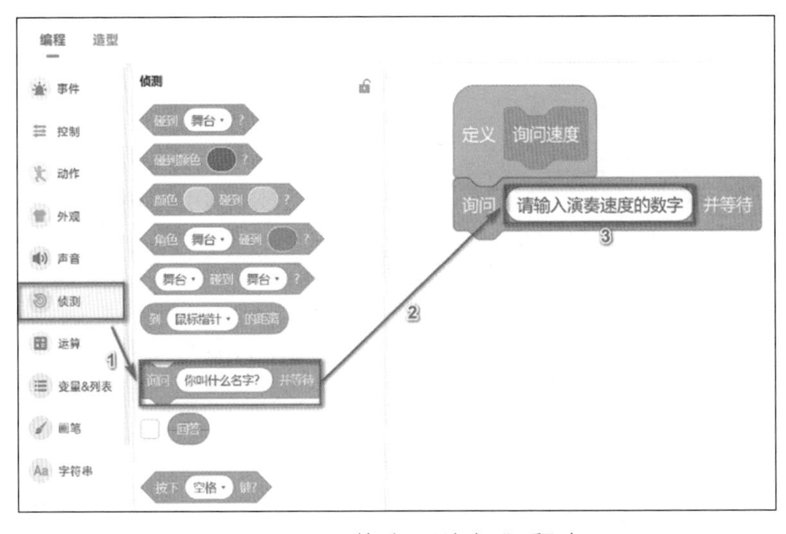

图 10-19 拖曳“询问”积木

2）在“外观”类积木中，找到积木 说 你好! 2 秒，继续进行拼接。

3）在“字符串”类积木中，找到积木 连接 apple 和 banana ，拖曳到 说 你好! 2 秒 中“你好！”的位置，如图 10-20 所示。

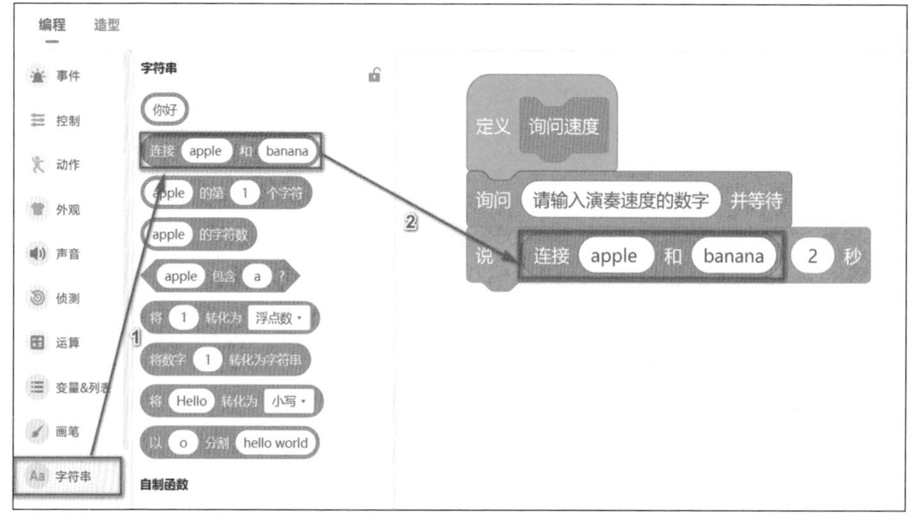

图 10-20　拖曳连接字符串积木

4）将 连接 apple 和 banana 中的“apple”修改为“你输入的演奏速度是”。

5）在“侦测”类积木中找到 回答 ，拖曳到 连接 apple 和 banana 中“banana”的位置，如图 10-21 所示。

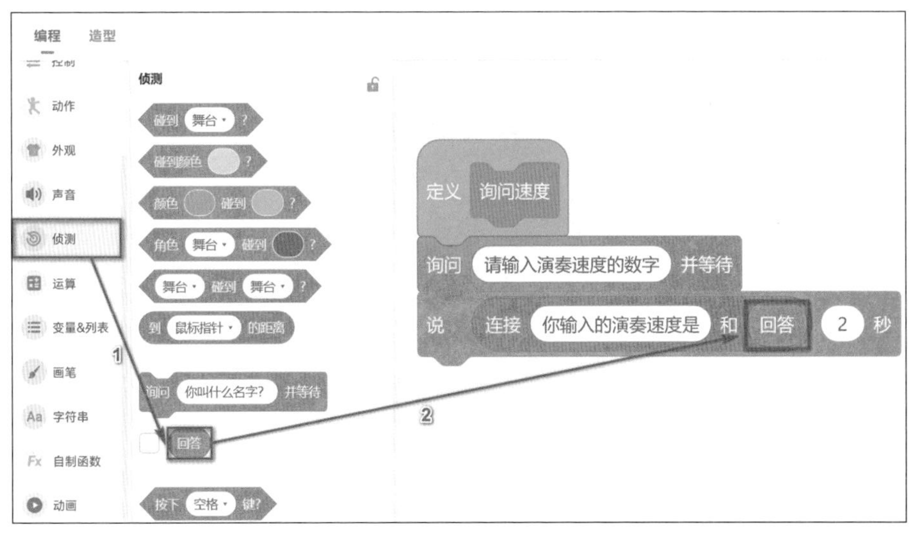

图 10-21　将字符与回答连接

4. 接收“跳跃”消息的具体实现

1）在“事件”类积木里找到 当接收到 跳跃 ，拖曳到编程区。

2）通过造型切换，实现跳跃效果。在“控制”类积木中，找到 重复执行 拖曳到 当接收到 跳跃 下方；在“外观”类积木中找到 下一个造型 ，在“控制”类积木中找到 等待 1 秒 拼接后放到 重复执行 内部，如图 10-22 所示。

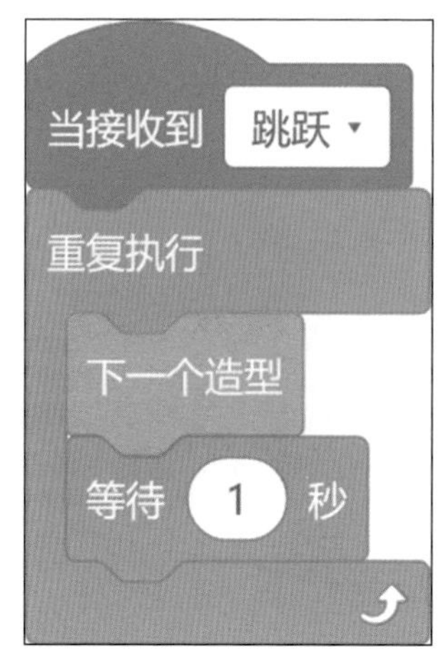

图 10-22　接收“跳跃”消息完整代码

5. 自制函数“演奏”的具体实现

在编程区找到 定义 演奏 ，搭建积木实现“演奏”的功能。

1）添加“音乐”类积木。首先，在积木区最下方找到 +添加扩展 按钮，单击后会出现积木拓展区。在所弹出的窗体中，滚动鼠标找到“音乐”类积木，点击 + 按钮，如图 10-23 所示，这样编程区多了一类“音乐”积木。

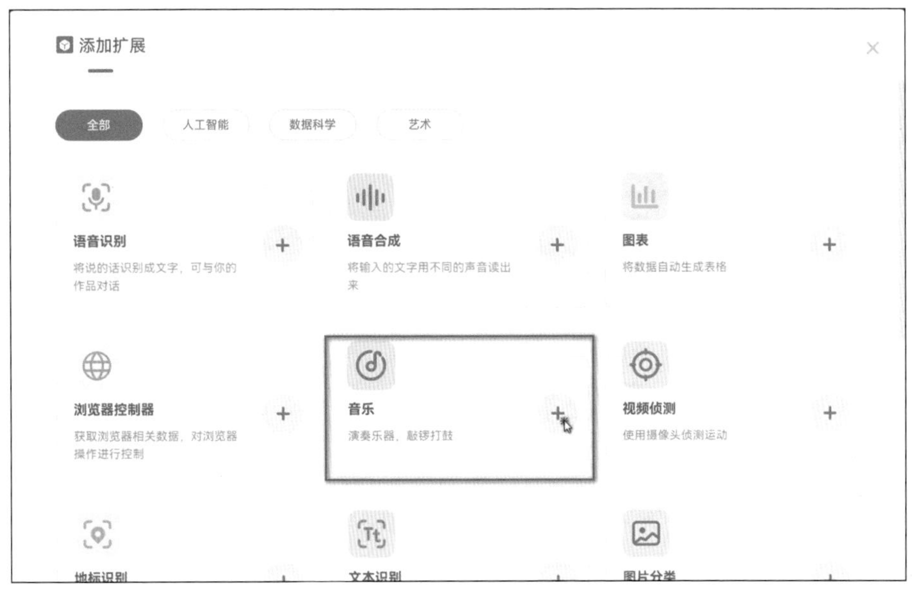

图 10-23　添加“音乐”类积木

积木拓展区是对积木区的补充，包括“服务软件”“HarmonyOS 设备”与“拓展硬件”，用以支持更多创意作品，还可以尝试使用语音识别、画笔等拓展积木块。

2）设置乐器。在“音乐”类积木中找到积木 

，拖曳并拼接到 

下方，并将“(1) 钢琴”修改为“(13) 木长笛”，如图 10-24 所示。

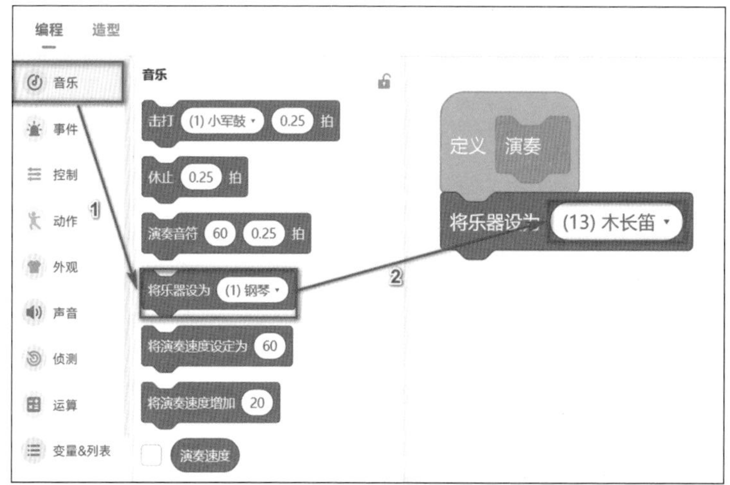

图 10-24　将乐器设置为木长笛

3）在“音乐”类积木中找到积木 ，继续进行拼接，如图 10-25 所示。

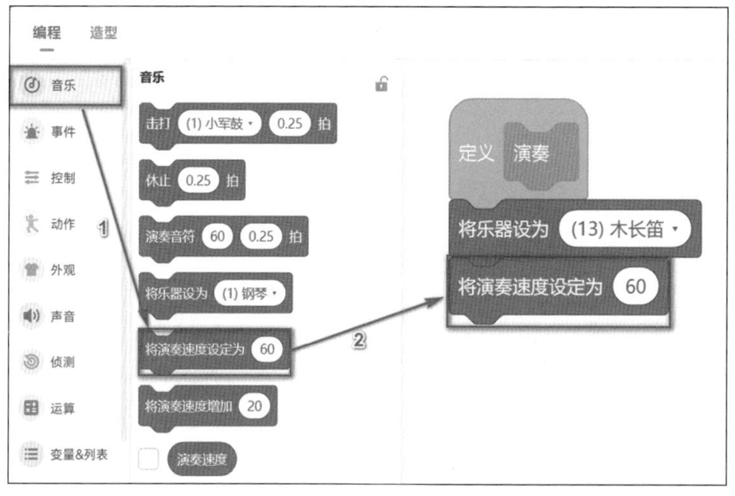

图 10-25　拼接演奏速度积木

4）在“侦测”类积木中，找到 回答 ，拖曳到 将演奏速度设定为 60 中“60”所在的位置，如图 10-26 所示。

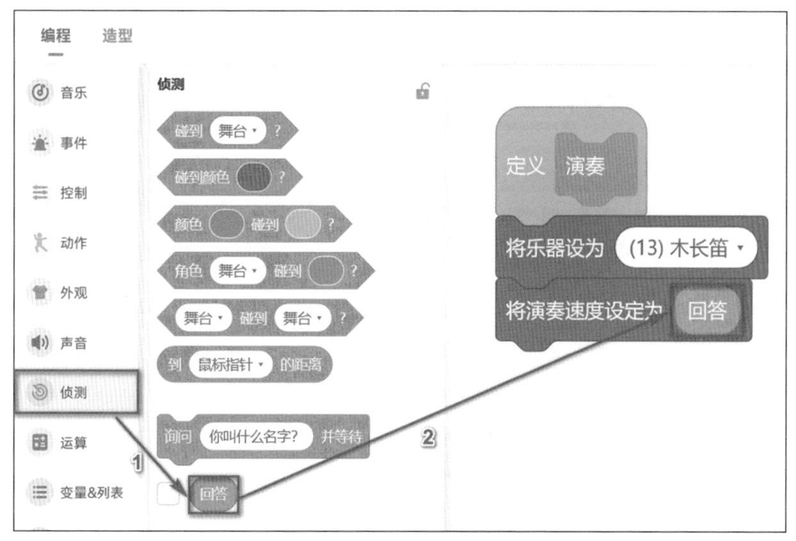

图 10-26　将演奏速度设为回答

5）进行演奏音符的设置。在“音乐”类积木中，找到 演奏音符 60 0.25 拍 。其中“60”是音符对应的音高，“0.25”是音符的时值（即音符演奏的时长），如图 10-27 所示。

可以按照如下积木进行演奏乐曲的拼接，还可以自己设计乐谱进行积木拼接，如图 10-28 所示。

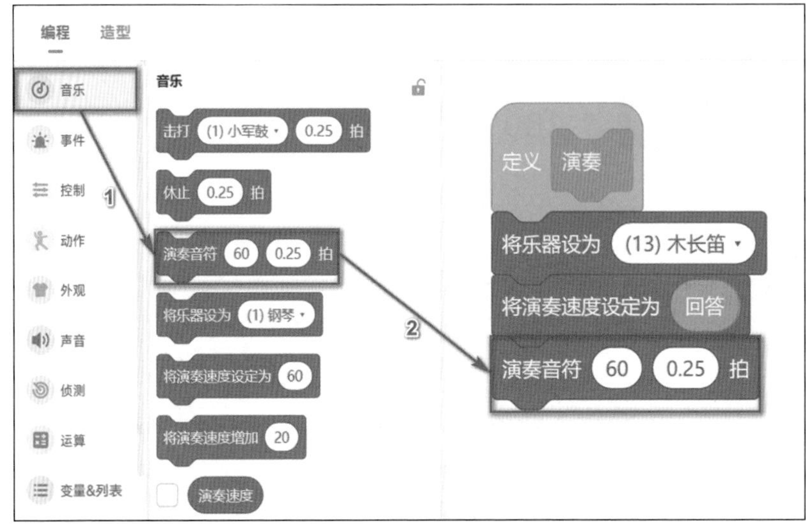

图 10-27　设置演奏音符

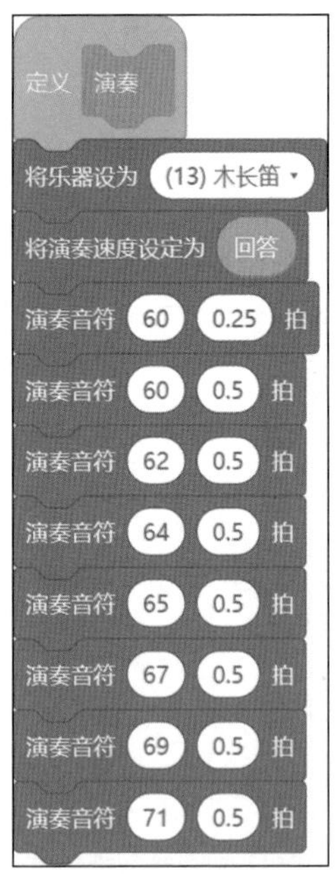

图 10-28　自制函数“演奏”的全部代码

6. 自制函数“停止”的具体实现

在编程区找到 定义 停止 ，搭建积木实现“停止”的功能。

在“控制”类积木中，找到积木 停止 全部脚本 ，拼接到 定义 停止 下方，如图 10-29 所示。

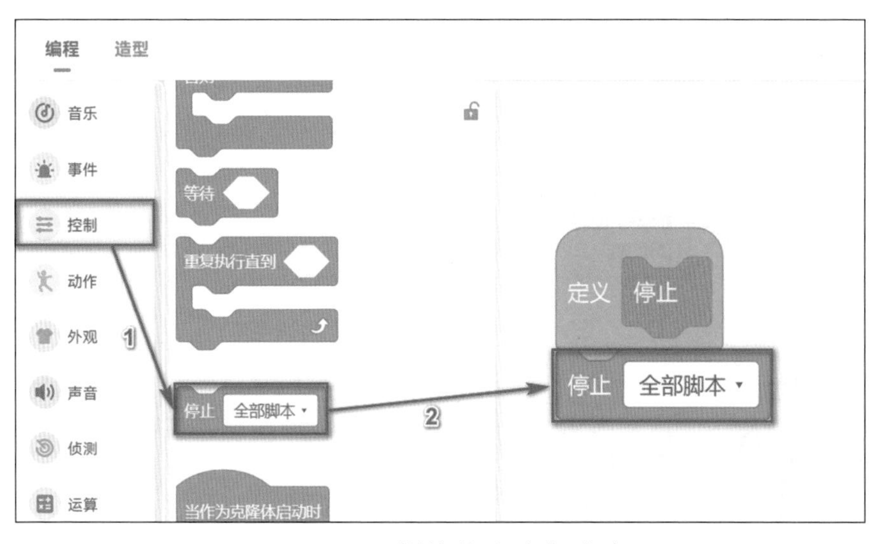

图 10-29　拼接停止全部脚本

当完成了所有的编程创作，点击左上角的 ▶运行 按钮，故事动画效果出现。这时可查看是否和演示程序一致。

10.4.3 动动手：保存作品

将最后一个新作品导出到计算机中的编程创作专属文件夹中。

10.5 理一理：编程思路

奏乐庆功的编程思路如图 10-30 所示。

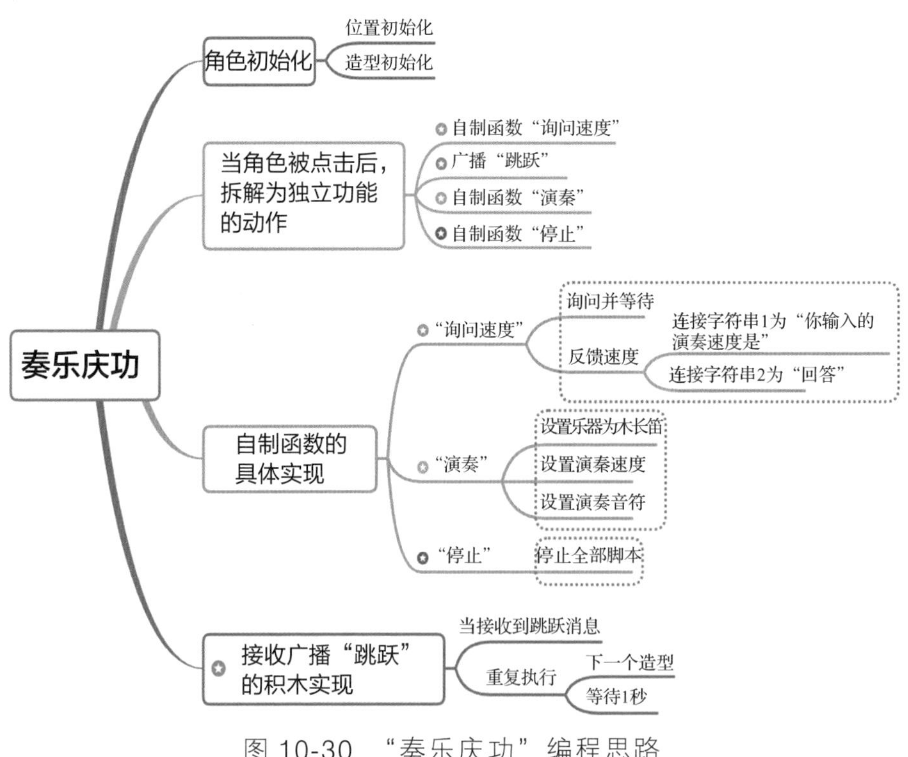

图 10-30 “奏乐庆功”编程思路

10.6 学做小小程序员

通过“大闹天宫”的作品创作，我们获得了自制函数、询问与回答、字符串连接、停止脚本、用积木演奏音乐等图形化编程创作的基本知识与技能，如表 10-1 所示。

表 10-1 “奏乐庆功”作品创作中的主要编程知识及能力等级对应

知识点	知识块	CCF 编程能力等级认证
停止脚本	侦测与控制	GESP 一级
询问与回答	输入与输出	GESP 三级
字符串连接	字符串处理	GESP 三级
自制函数	函数	GESP 四级

1. 停止脚本

停止脚本执行属于“控制”类积木，共有 3 种应用情形，分别是“停止全部脚本”“停止这个脚本”“停止该角色的其他脚本”，如图 10-31 所示。

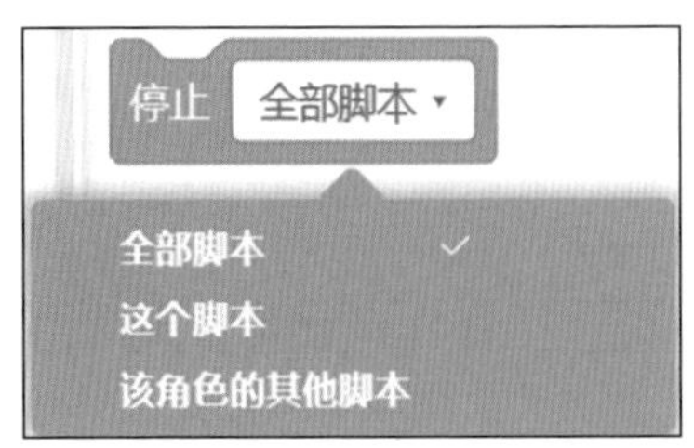

图 10-31　停止脚本积木

“停止全部脚本”是指终止整个程序执行，彻底退出程序；“停止这个脚本”指的是终止这个角色积木所在代码组的执行，而不影响当前角色其他代码组的执行；“停止该角色的其他脚本”是指终止执行这个角色其他代码组的执行，而不影响本积木所在代码组的执行。“停止全部脚本”和“停止这个脚本”后无法继续拼接积木了，如图 10-32 所示。“停止该角色的其他脚本”可以再接其他积木代码，如图 10-33 所示。

图 10-32　“停止全部脚本”和“停止这个脚本”积木

图 10-33　“停止该角色的其他脚本”积木

2. 询问与回答

利用“侦测”中 询问 你叫什么名字? 并等待 ，可以向使用者提出一个问题。使用者输入答案后，按下回车键或者输入框右侧的“√”按钮，回答的答案会被自动存储在“侦测”中的 回答 中，如图 10-34 所示。

图 10-34　询问框

3. 字符串连接

利用“字符串”中的 连接 apple 和 banana ，可以将两个字符进行连接。我们可以在文字椭圆中直接输入要连接的内容，也可以将之前建立好的变量或者用户的 回答 作为连接内容。

4. 自制函数

利用“自制函数”中的“制作新的函数”命令，可以把实现某个功能的一组积木块放到一起，作为一个“大积木”。如果需要这组积木块，仅需要调用这块代表它们的“大积木”即可。自制函数可以使程序更清晰明了。

本次编程之旅，我们还学会了“用积木演奏音乐”。

“音乐”类积木 将乐器设为 (1) 钢琴 可用来设定演奏乐器，包括钢琴、吉他等 21 种类型；“音乐”类积木 将演奏速度设定为 60 可用来设定播放速度，播放范围是 20 ~ 500，如果所设置的播放速度不是这个范围内，系统会自用进行转化；“音乐”类积木 演奏音符 60 0.25 拍 可用来设定演奏音符的音高和时值。点击 演奏音符 60 0.25 拍 中的第 1 个椭圆，会弹出一个键盘，通过调整键盘来选择具体的音符，如图 10-35 所示。

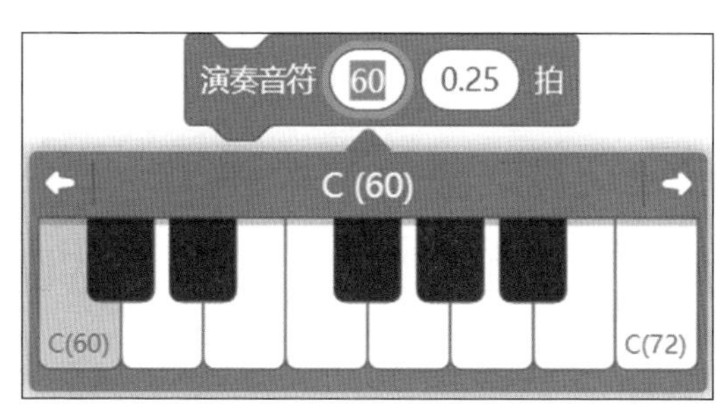

图 10-35　选择音符

点击 演奏音符 60 0.25 拍 中的第 2 个椭圆，可以调整音符的时值。

10.7 走近信息科技

很多温馨时光是在家里度过的，很多美好回忆是在家里留下的。厨房传出做饭的交响曲；客厅里充满了温暖的陪伴，笑声不断；书房传出琅琅读书声；卧室里面低声讲着睡前故事……这些事情可能是同时发生的，可是为什么互不影响呢？这离不开家里不同的功能分区，卧室、客厅、厨房、餐厅、卫生间、书房……每个功能分区彼此独立，共奏和谐家庭乐章。

通过位置相对独立，划分了房间的不同功能分区，每个区域可以看作为一个模块。模块可以被组合、分解或者更换，比如我们可以将一个比较大的卧室再分隔出一个小书房，两个小房间进行合并，或者将衣帽间修改为书房。有了模块为基本单位，我们能用更清晰的视角了解整体，对房间有完整认知；也能够根据需要选择具体模块，到房间相对应的功能分区做事。

别看分解为模块的方式很简单，生活中却从不缺少它的身影。医院的高效运行，离不开诊室、药房、财务等不同部门的分解与相互合作；学校的高效运行，离不开教学、管理、食堂等不同子系统的协同工作。常用设备及家电中也体现了模块化思想，骄阳似火的夏天或天寒地冻的冬天，空调可是很多人离不开的法宝。遥控器上有不同的按钮，按下“开关”按钮可以控制空调开启或者关闭；按下“模式”按钮可以让空调在制冷、制热、睡眠、送风、除湿等模式下切换；按下“风速”按钮可以调整空调风速的大小；按下“定时”按钮可以设置空调开启一定时间后自动关闭……你发现了吗，空调的功能被分解为不同类型，每个按钮就是一个模块，它们各司其职，独立完成自己的功能。

在“奏乐庆功”案例中，我们将孙悟空需要实现的功能拆解为“询问速度并反馈”“边跳跃边根据速度演奏木长笛”“停止演奏”3 个模块，其中“边跳跃边根据速度演奏木长笛”包括广播“跳跃”消息及利用积木块演奏两个子模块，逐一实现了各个模块，从而实现了“奏乐庆功”的完整作品创作，这个过程同样利用了分解和模块化思想。

如果我们想在程序中增加一个新乐器，就可以通过一定的方式来重复使用演奏模块；如果我们想为询问速度模块增加语音，只需要修改这个模块，不需要更改其他模块。所以，将程序分解为不同模块，可以增加程序的复用性，而且修改调整方便，避免产生不必要的错误。

图形化编程中还包括了绘画、图表、语音识别、视频侦测等扩展功能，如图 10-36 所示。各功能也应用了模块化思想，支持我们根据需要加载对应的积木模块。

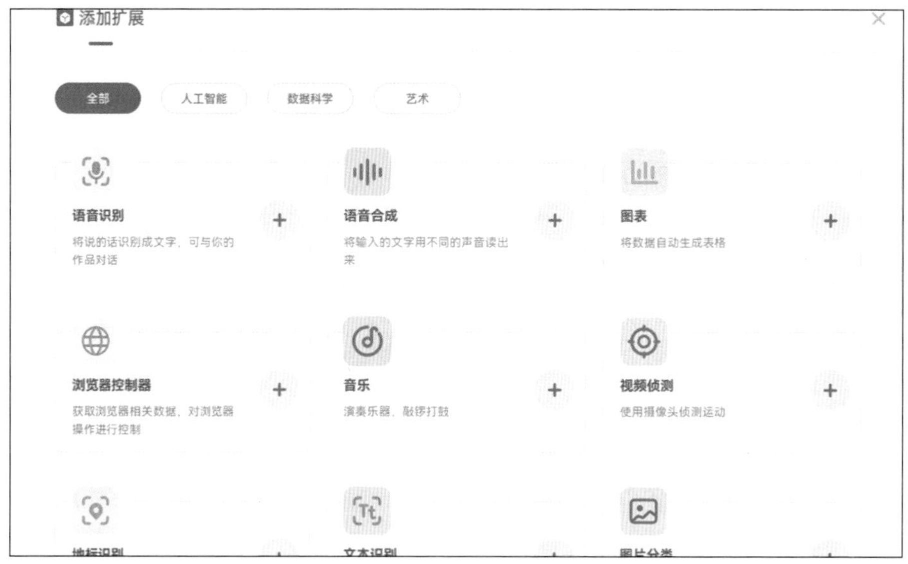

图 10-36　图形化编程环境的扩展功能

在解决一个复杂问题时，可以自上向下逐层把系统划分成若干模块，再针对每个模块各个攻破，有助于我们有条不紊地解决问题。

附　录

附录 A　编程环境使用说明

A.1　访问编程环境

可以通过浏览器或者客户端进入图形化编程平台，如图 A-1 所示。如果使用浏览器，建议收藏该网址，以后就不用重复输入了。

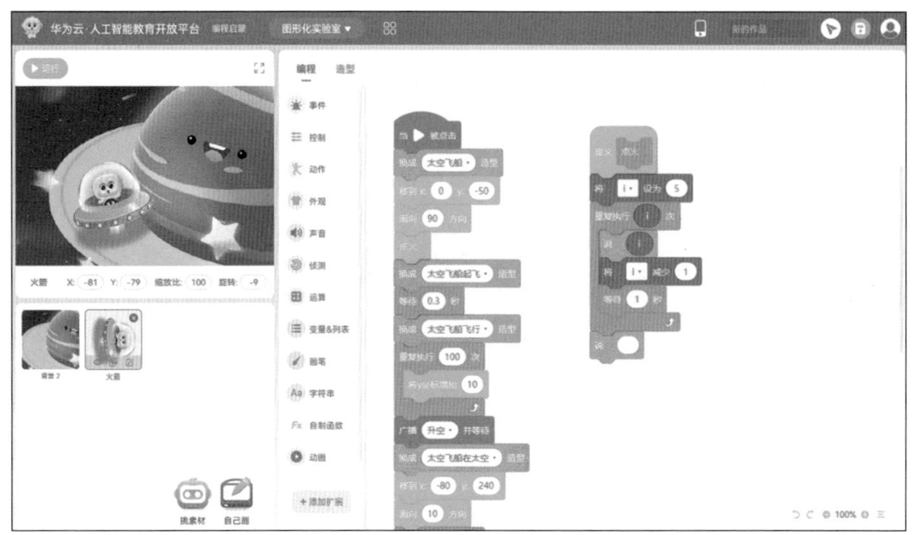

图 A-1　图形化编程平台首页

A.2　了解编程环境

网站的编程界面包含：舞台区（如图 A-2 所示）、角色背景区（如图 A-3 所示）、积木区（如图 A-4 所示）、积木拓展区（如图 A-5 所示）、编程区（如图 A-6 所示）等功能模块。

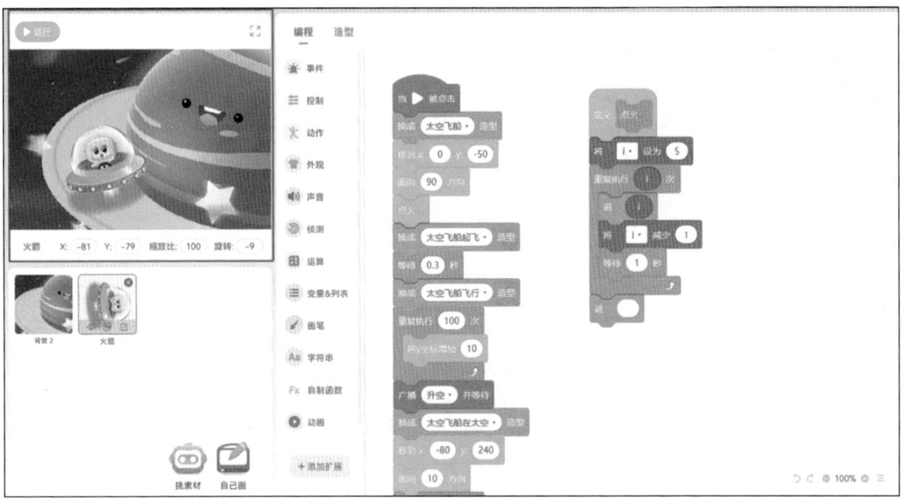

图 A-2　舞台区

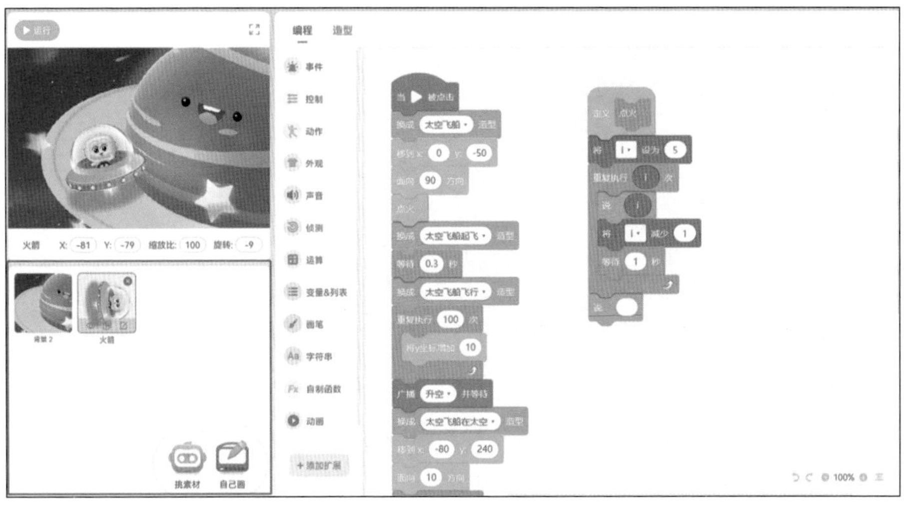

图 A-3　角色背景区

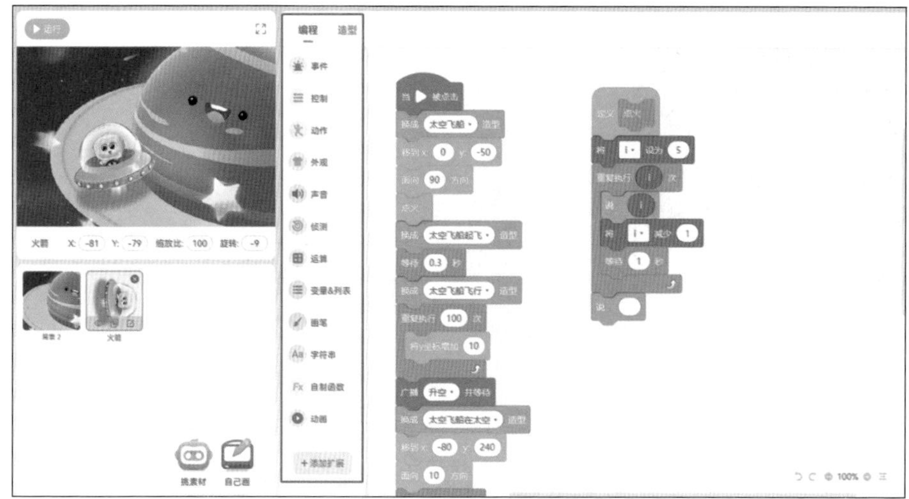

图 A-4　积木区

图 A-5　积木拓展区

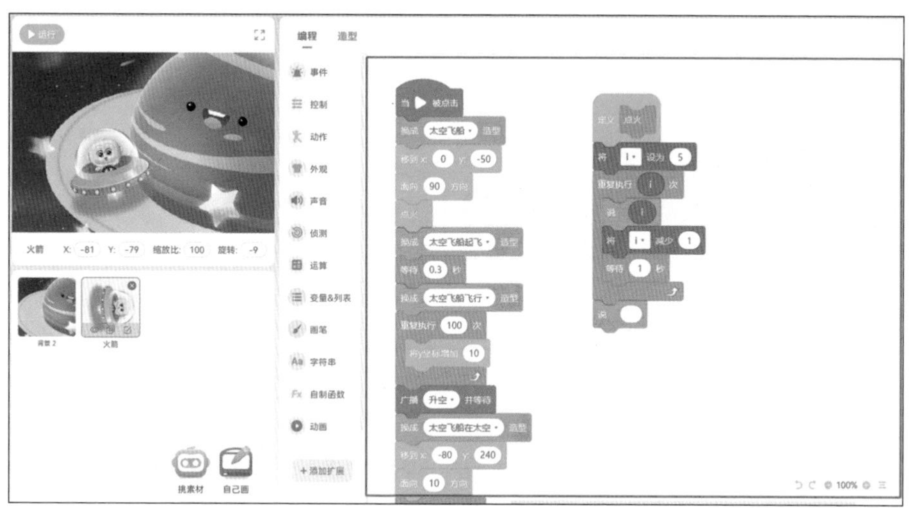

图 A-6　编程区

附录 B　编程环境基础操作

B.1　新建项目

1）进入到图形化编程环境，选择菜单“文件”→“新建作品”命令，如图 B-1 所示。

2）如果用户在进入系统时没有进行登录，系统会弹出对话框，询问是否保存，如图 B-2 所示。

图 B-1　选择“新建作品”命令

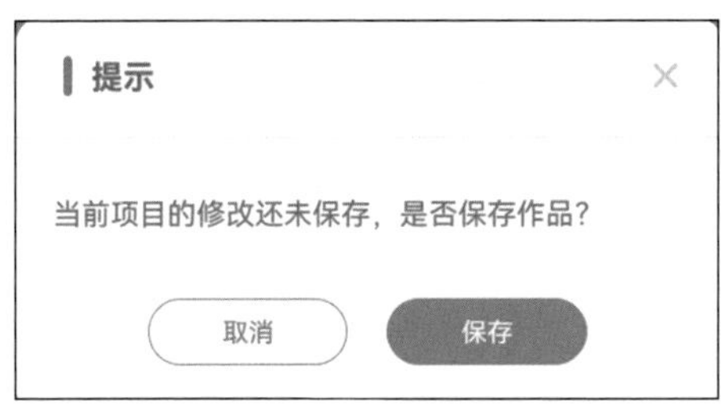

图 B-2　未登录的提示对话框

3）点击“保存”按钮，系统会进行提示“您还没有登录”信息及两种登录账号，如图 B-3 所示。通常情况下选择“华为账号”进行登录就可以了。

图 B-3　提供两种账号登录

4）登录之后，重复第一步的操作就可以新建项目了。

B.2 添加背景

选择角色背景区的背景图标后，可以添加背景图片。

点击屏幕下方的可以在素材库选择现有素材或者上传新素材作为背景；点击

，可以自己绘制背景；还可以在角色背景区，点击所需要修改的背景图标（默认是“空白背景”），然后点击屏幕中间的“背景”选项卡，切换到背景选项卡，点击最下方的 + 按钮，新建造型或是进入素材库挑选素材，如图 B-4 所示。

点击按钮或者“素材库”按钮，是相同的效果，均进入如图 B-5 所示的“素材库”对话框。

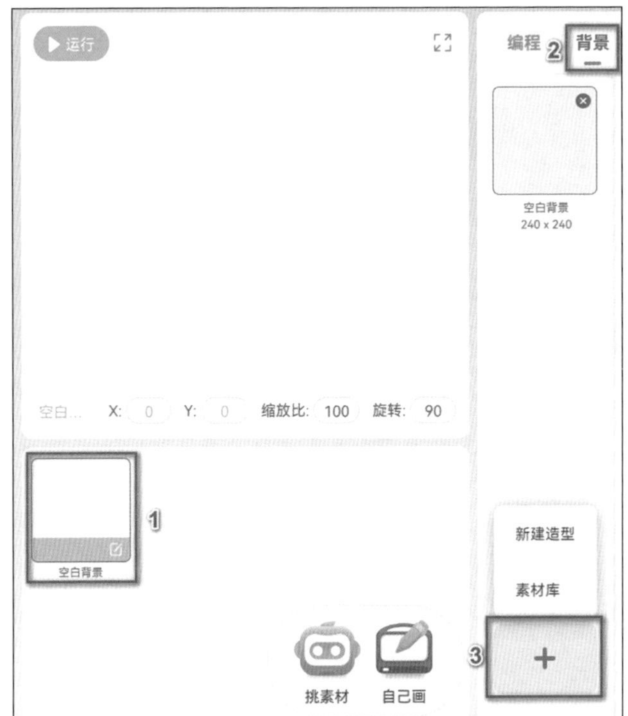

图 B-4　添加背景的方法

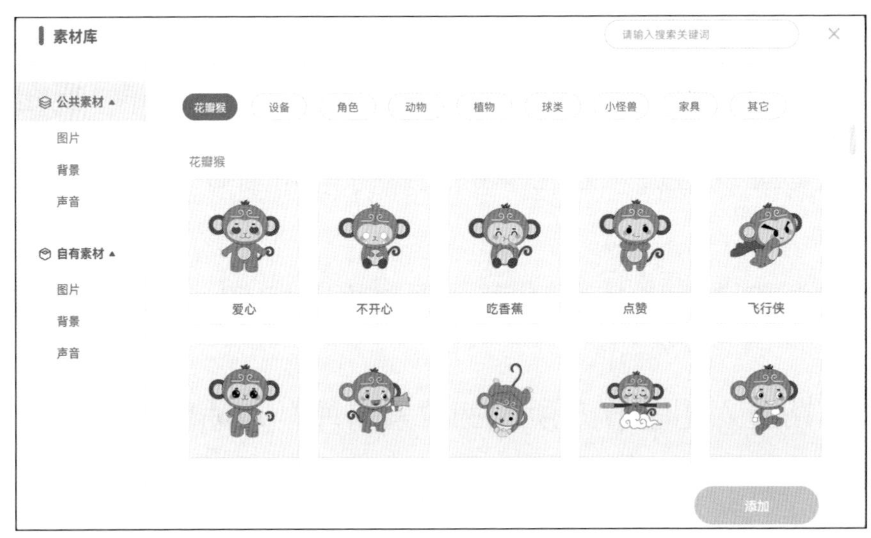

图 B-5　素材库对话框

下面，将以上传“七十二变背景”图片并选择所上传的图片作为背景为例，详细介绍操作步骤。

1）在所弹出的“素材库”窗口中，选择左侧“自有素材”下面的“背景”按钮，点击 + 按钮如图 B-6 所示。

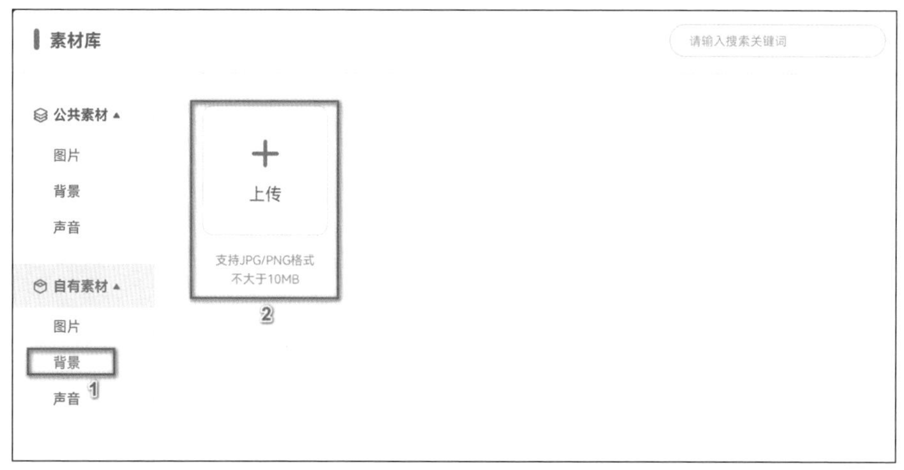

图 B-6 点击“上传”按钮

2）在弹出的“打开文件”对话框中，找到所需要背景图片的位置，点击“打开”按钮，如图 B-7 所示。

3）稍等一会，可以在“历史上传素材”中看到已经上传的背景图。选择要添加的背景图，点击“添加”按钮就可以了，如图 B-8 所示。

图 B-7 选择背景图片

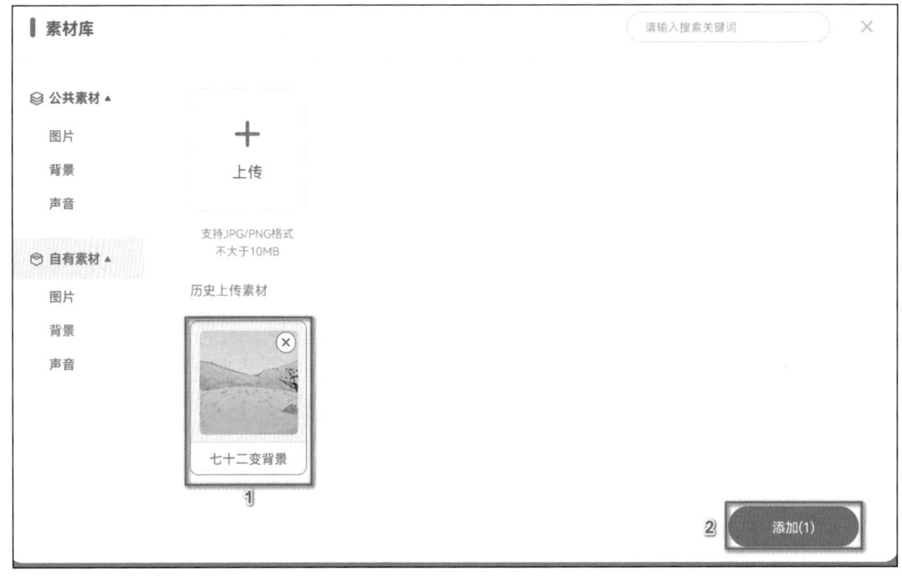

图 B-8 选择已经上传的背景并添加

B.3 修改背景名称

选择想要修改的背景，在其右上方“造型”输入框中直接修改名称就可以了，如图 B-9 所示。

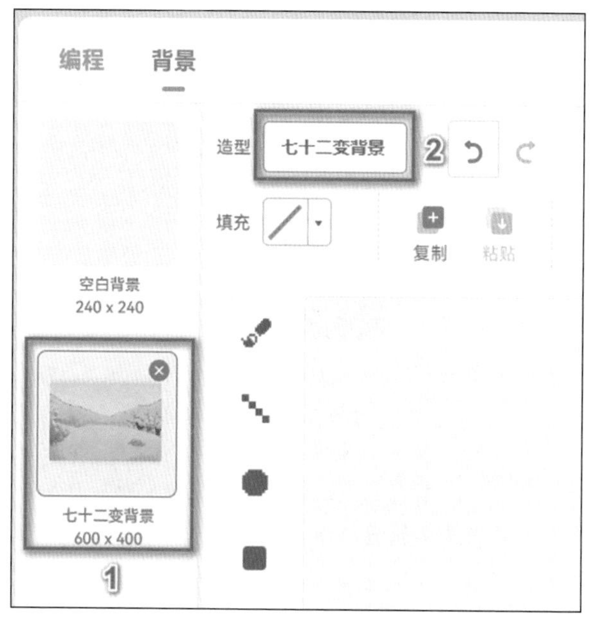

图 B-9　修改背景名称

B.4 删除背景

选择想删除的背景，点击其右上角的 × 号按钮，如图 B-10 所示。

附录

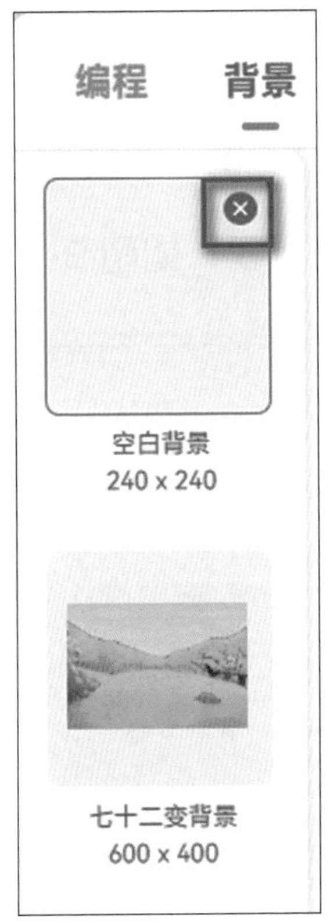

图 B-10　删除背景

B.5　新建角色

点击屏幕下方的自己画，可以手动绘制角色，如图 B-11 所示。

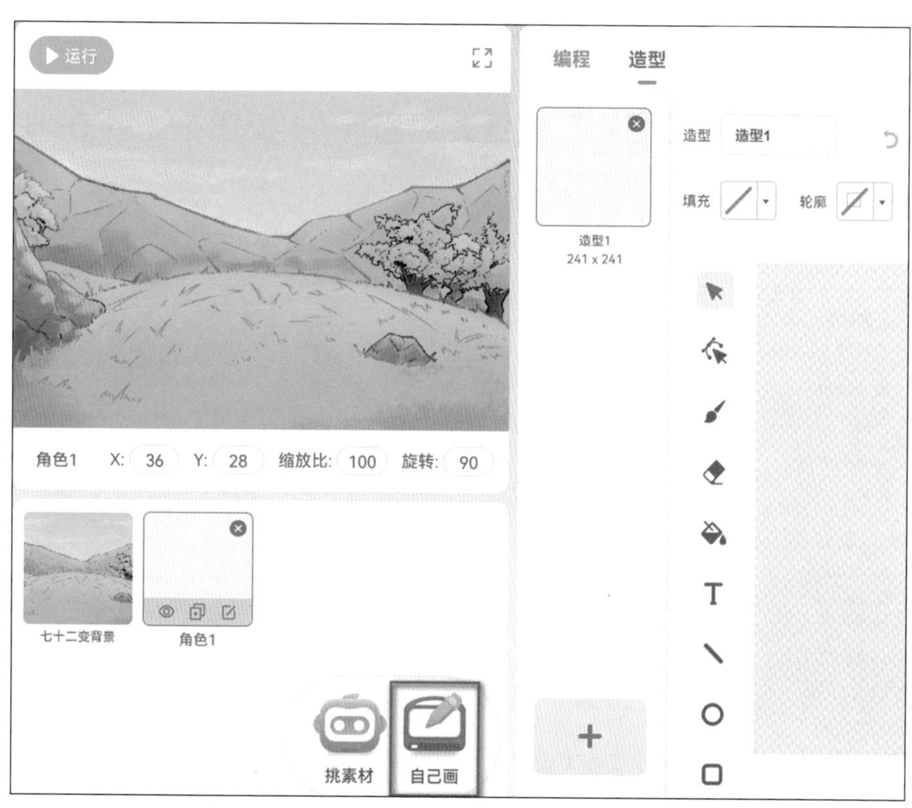

图 B-11　点击“自己画”按钮

点击 挑素材 按钮，可以在素材库选择现有素材或者上传新素材作为角色。下面，将以上传“孙悟空”图片并选择所上传的图片作为角色为例，详细介绍操作步骤。

1）在所弹出的“素材库”窗口中，选择左侧“自有素材”下面的“图片”按钮，点击 + 按钮，如图 B-12 所示。

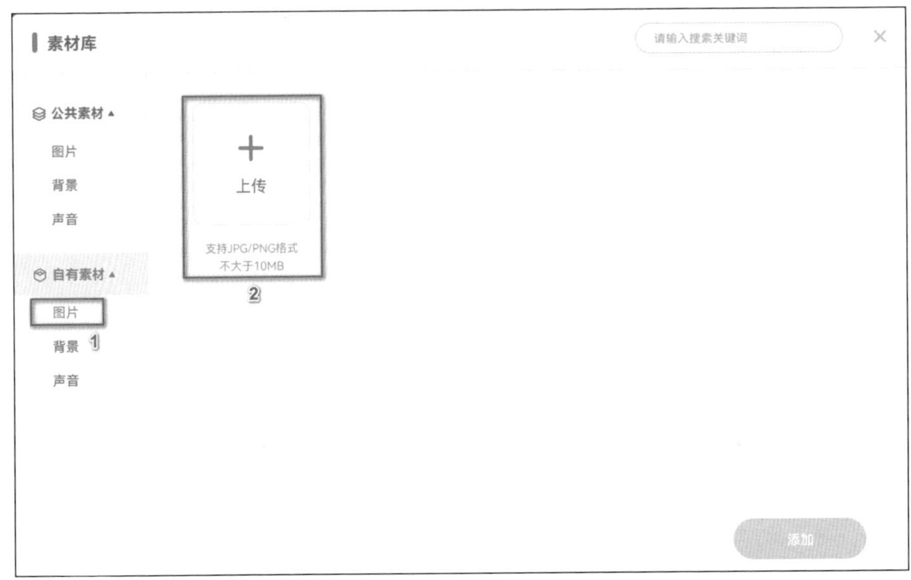

图 B-12　点击“上传”按钮

2）在弹出的“打开文件”对话框中，找到“孙悟空”图片的位置，点击“打开”按钮，如图 B-13 所示。

3）稍等一会，就可以在“历史上传素材”中看到已经上传的角色图。选择要添加的角色图，点击“添加”，如图 B-14 所示。

图 B-13　选择角色图片

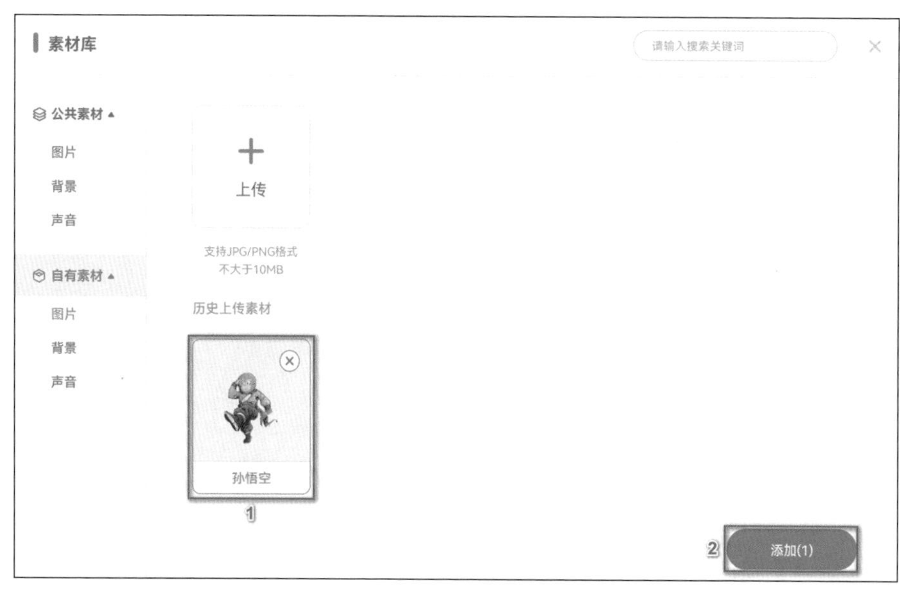

图 B-14　选择已经上传的角色图片并添加

附录

B.6 修改角色名称

选择想要修改的角色，在其左上方的输入框中直接输入想要修改的角色名称，如图 B-15 所示。

图 B-15 修改角色名称

B.7 删除角色

选择想删除的角色，点击其右上角的 × 号按钮，如图 B-16 所示。

图 B-16　删除角色

B.8　添加角色的造型

在角色背景区，选择希望增加造型的角色图标，点击积木区中的“造型”按钮，切换到角色造型选项卡。点击最下方的 + 按钮，出现两种增加造型的方法，

“新建造型”和“素材库”，如图 B-17 所示。

图 B-17　呈现两种增加造型的方法

点击“新建造型”，可以为角色手动绘制造型，如图 B-18 所示。

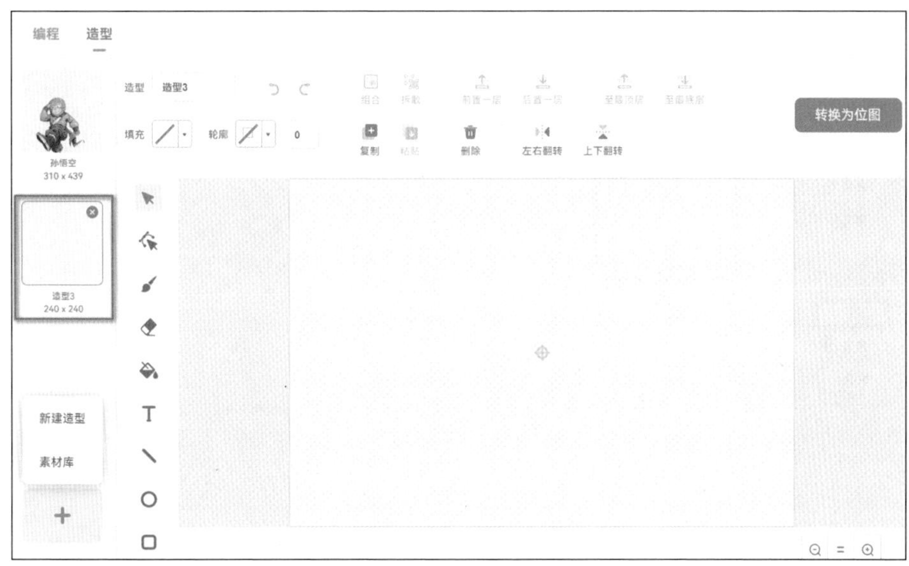

图 B-18　绘制造型

点击“素材库”，可以在素材库选择现有素材或者上传新素材作为角色造型。下面，将以上传角色“孙悟空”的“桃树”造型并选择所上传的造型为例，详细介绍操作步骤。

1）在所弹出的“素材库”窗口中，选择左侧“自有素材”下面的“图片”按钮，点击 + 按钮，如图 B-19 所示。

2）在弹出的“打开文件”对话框中，找到“桃树”图片的位置，点击“打开”按钮，如图 B-20 所示。

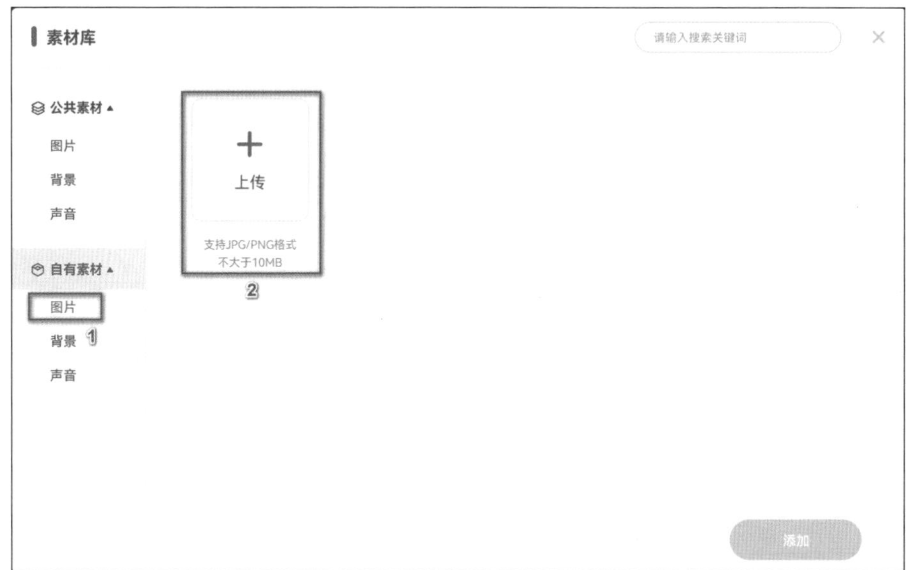

图 B-19　点击“上传”按钮

图 B-20　选择造型图片打开

3）稍等一会，就可以在“历史上传素材”中看到已经上传的造型图。选择要添加的造型图，点击“添加”就可以了，如图 B-21 所示。

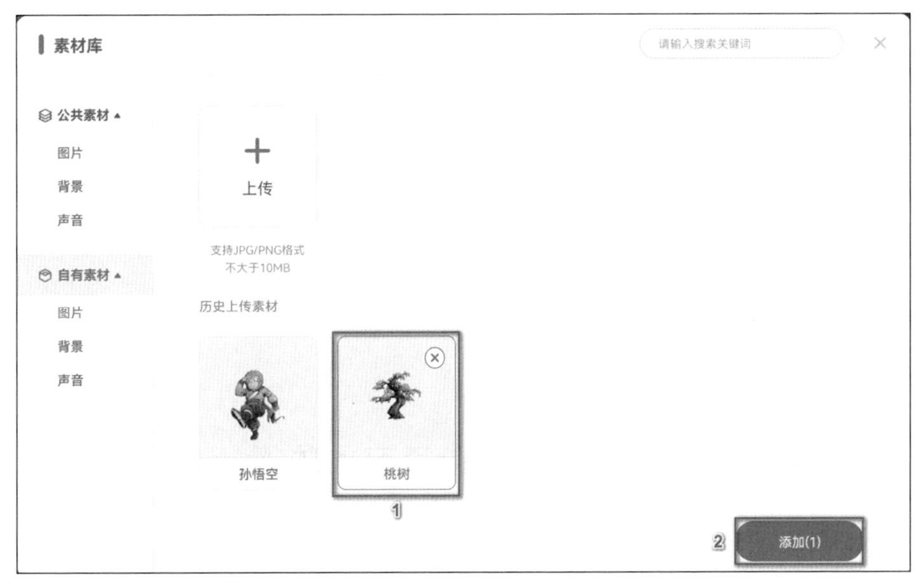

图 B-21　选择已经上传的造型图片并添加

B.9 修改造型名称

选择想要修改的造型，在其右上方“造型”输入框中直接修改名称就可以了，如图 B-22 所示。

附录

图 B-22　修改造型名称

B.10　删除造型

选择想删除的造型，点击其右上角的 × 号按钮，如图 B-23 所示。

图 B-23　删除造型

B.11 为角色导入声音

以第 5 章“义激美猴王”中为猪八戒这一角色导入一段声音为例，介绍操作步骤。

1）在角色背景区，点击“猪八戒”角色图标，选中猪八戒角色。点击角色背景区右下角的“挑素材”按钮，如图 B-24 所示。

图 B-24 点击挑素材按钮

2）在“素材库”窗口中，点击自有素材分类下的“声音”，并点击“上传”按钮进行声音素材的上传，如图 B-25 所示。

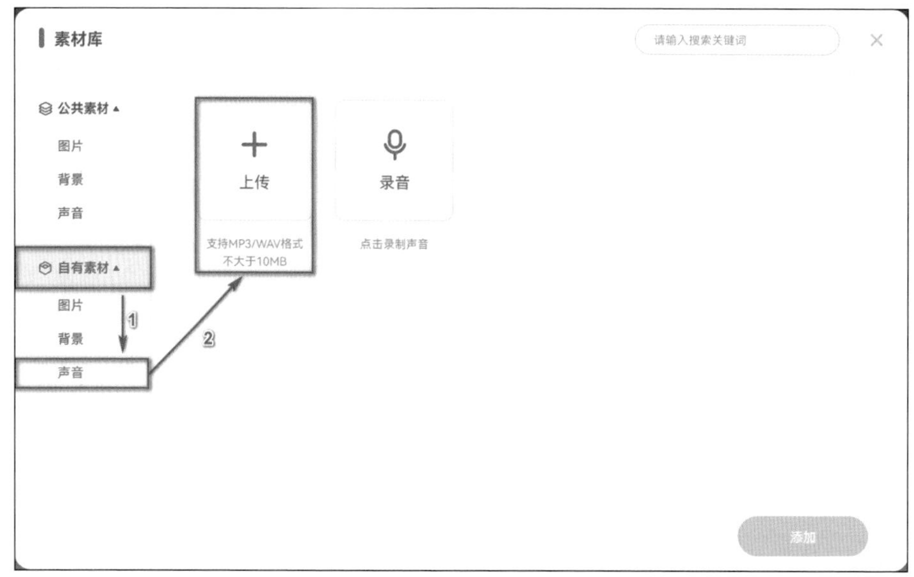

图 B-25　点击“上传”按钮

3）点击“上传”按钮后，在弹出的“打开文件”对话框中，找到编程资源所在位置，选中“猪八戒 1.wav”这段音频，单击“打开”按钮，等待音频上传成功，如图 B-26 所示。

4）上传成功之后，这段音频素材就出现在了“历史上传素材”中。点击选中“猪八戒 1”音频素材，点击“添加”，就将这段声音添加给了猪八戒这个角色，如图 B-27 所示。

图 B-26　选择音频并打开

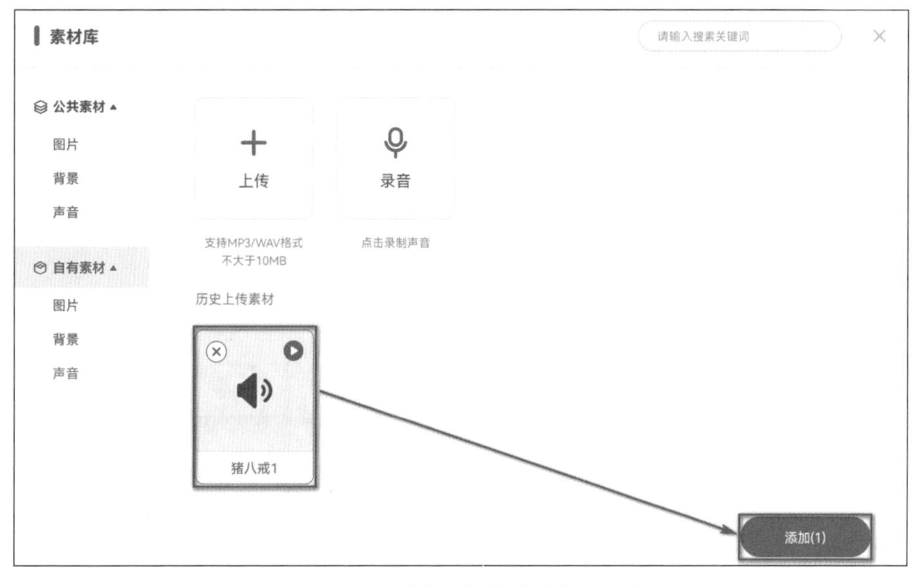

图 B-27　选择声音素材并添加

添加完成之后，我们就可以在搭建程序时使用这段声音了。使用相同的操作，可以为舞台及角色添加想使用的音频。

B.12 录制声音并使用

除了导入现有声音素材外，还可以为背景或者角色录制声音并使用。

1）在角色背景区找到“挑素材”，点击“挑素材”按钮进入素材库，如图 B-28 所示。

图 B-28 选择“挑素材”按钮

2）进入素材库后，选择“自有素材”下的“声音”，点击“录音”按钮，如图 B-29 所示。

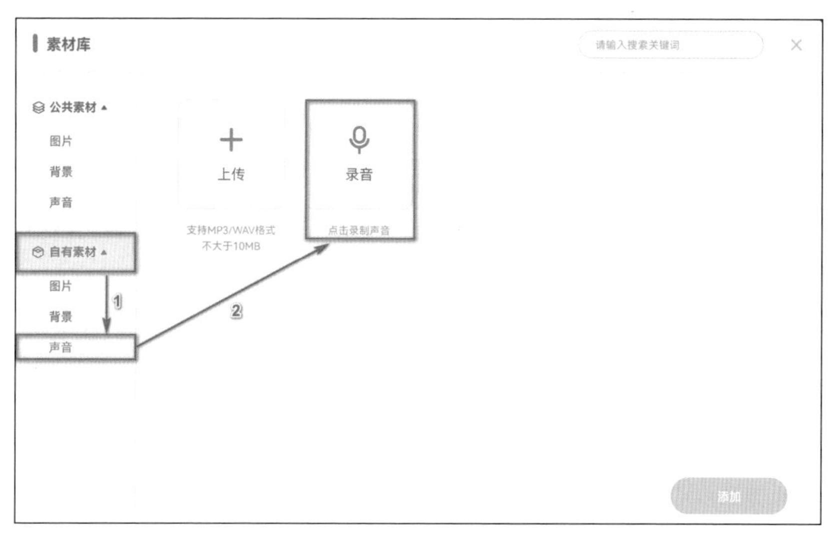

图 B-29　点击“录音”按钮

3）点击“录音”按钮后，页面显示录音对话框，点击“开始录音”即可开始录制声音，如图 B-30 所示。

4）点击“结束录音”，声音录制完成，如图 B-31 所示。

5）录制结束后，可以点击 ▶ 来试听录制的这段音频，如图 B-32 所示。

6）若试听声音效果不满意，点击“重新录制”按钮可以清除这段音频并重新录制一段声音，如图 B-33 所示。

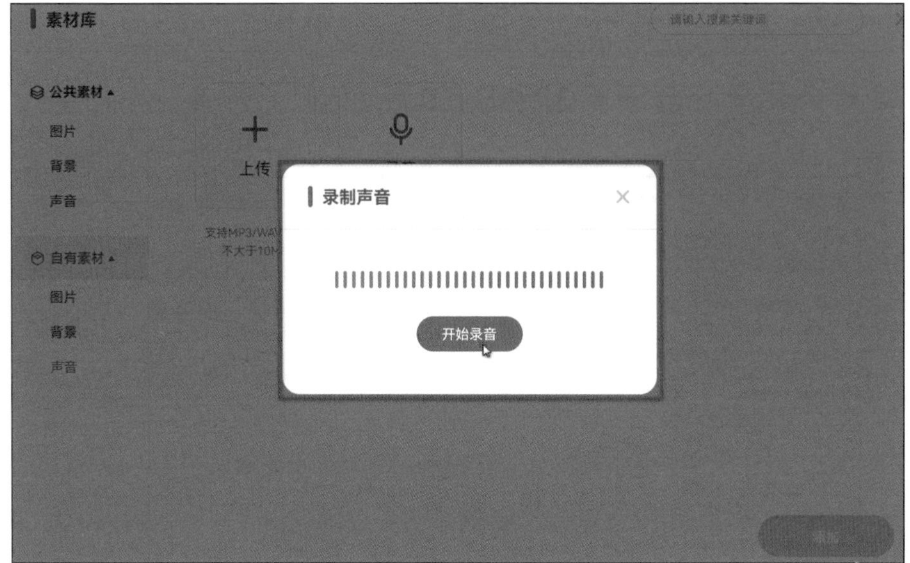

图 B-30 开始录音

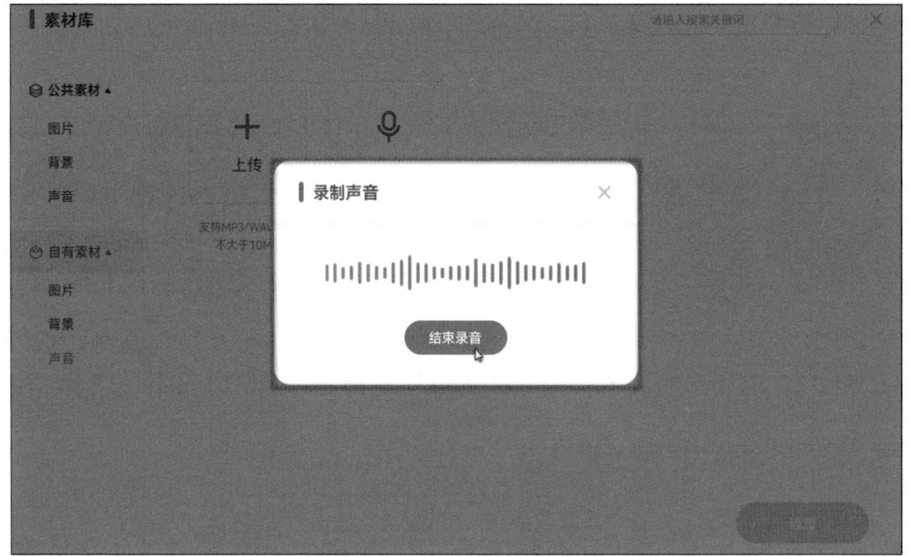

图 B-31 结束录音

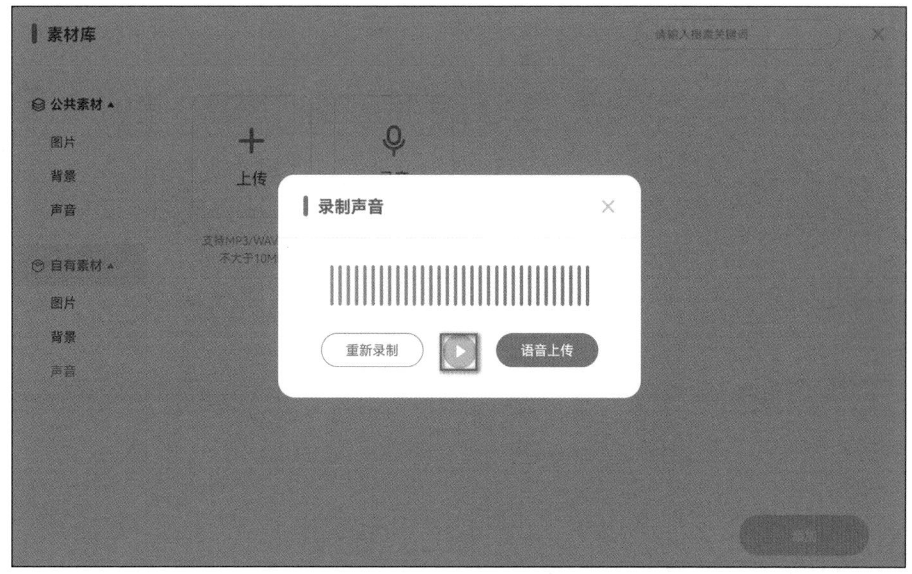

图 B-32　音频试听

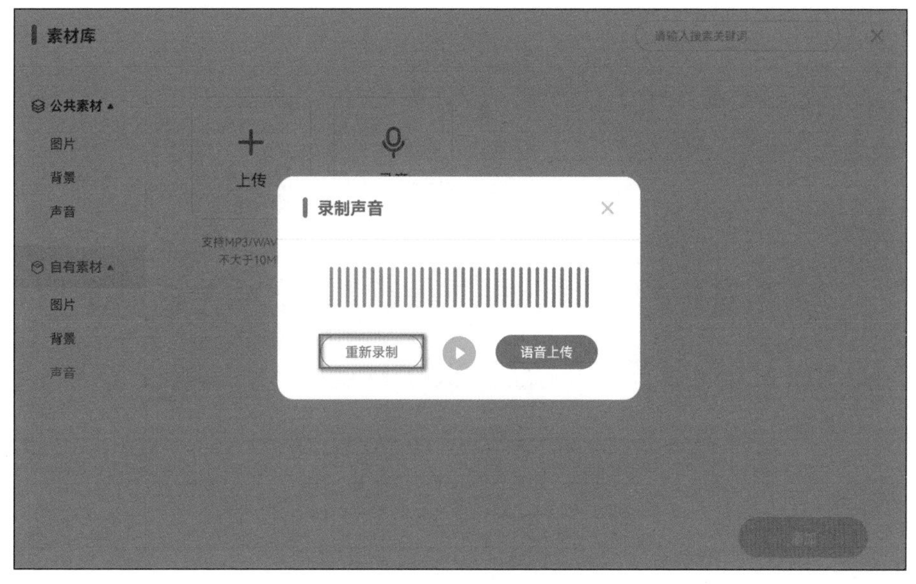

图 B-33　重新录制

7）若确定使用这段音频，点击“语音上传”按钮，这段音频就会出现在“自有素材”的“声音”中，如图 B-34 所示。

图 B-34　录制音频上传成功

8）将鼠标移动到这段声音右上方的蓝色按钮上时，可以试听这段声音，如图 B-35 所示。

9）右键单击这段声音，为这段声音重命名，如图 B-36 所示。

图 B-35　试听音频

图 B-36　重命名音频

10）选中这段声音，单击“添加”按钮，就可以在这一角色中使用这段声音了，如图 B-37 所示。

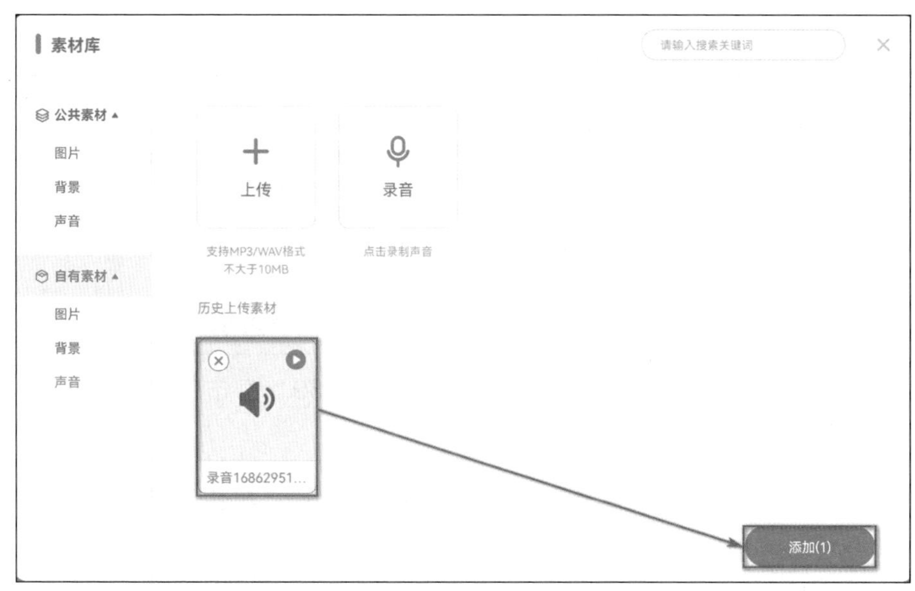

图 B-37　选择录音并添加

附录

B.13 在线保存及发布作品

在线保存作品之前要先进行账号登录。

1）作品完成后，点击菜单栏右侧的按钮，登录到图形化实验室，登录可以选择华为账号或者简易账号，通常选择华为账号进行登录，如图 B-38 所示。

2）登录成功之后，点击菜单栏右侧的按钮，可以把作品在线保存至个人中心，如图 B-39 所示。在个人中心中可以查看已经发布的作品。

图 B-38 选择登录账号类型

图 B-39 点击保存按钮

3）点击菜单栏右侧的按钮，可以对即将发布的作品进行内容简介和操作说明的信息编辑，如图 B-40 所示。

图 B-40　对作品信息及操作说明进行编辑

附录 C　故事主要角色列表

孙悟空

桃子

白骨精

猪八戒

银角大王

红孩儿

火焰

菩萨

附录 D 使用积木汇总

本书围绕《西游记》的故事情节一共完成了 10 个程序，回顾一下都学习了哪些积木吧！

1）“事件”类积木块：

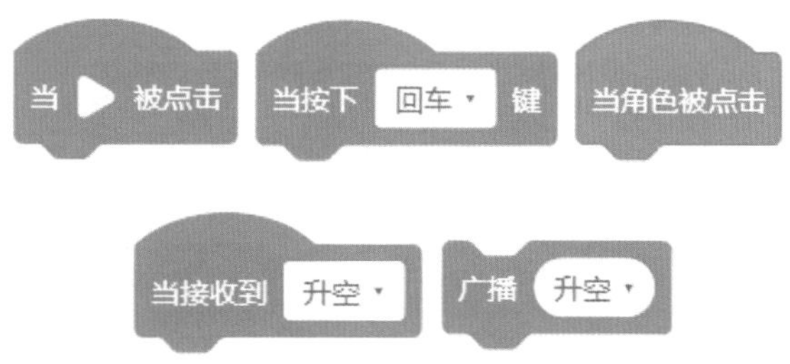

2）“控制”类积木块：

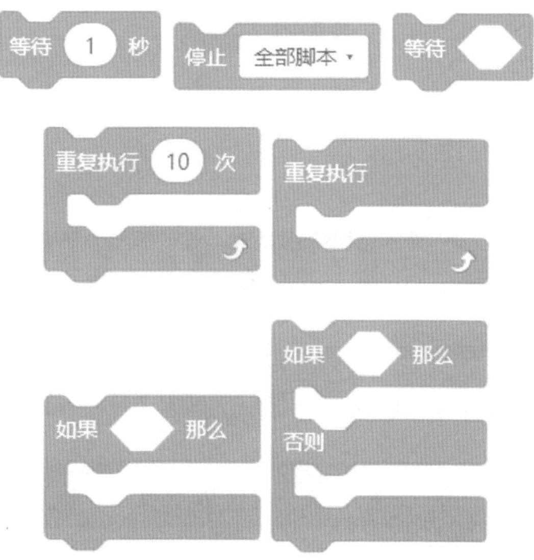

3）“动作”类积木块：

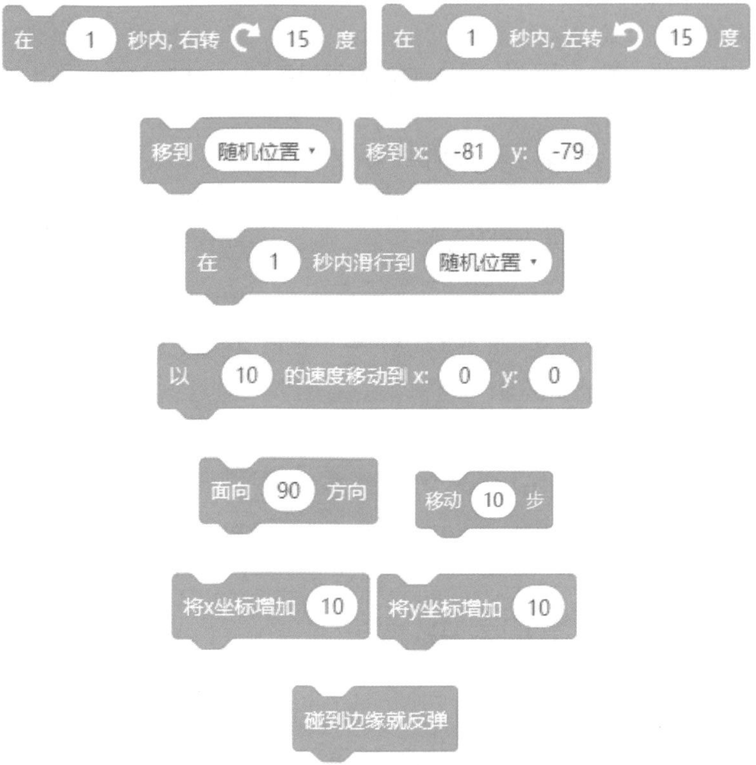

4）“外观”类积木块：

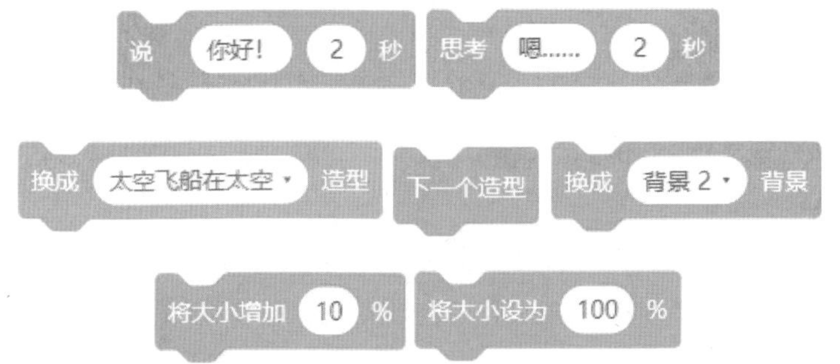

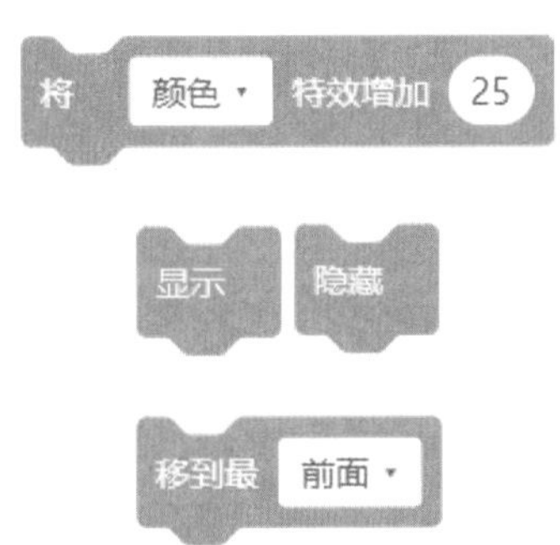

5)“声音”类积木块：

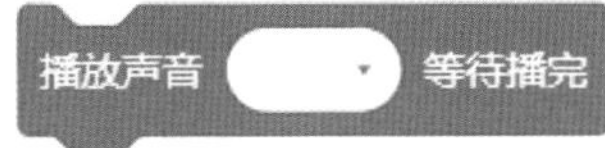

6)“侦测”类积木块：

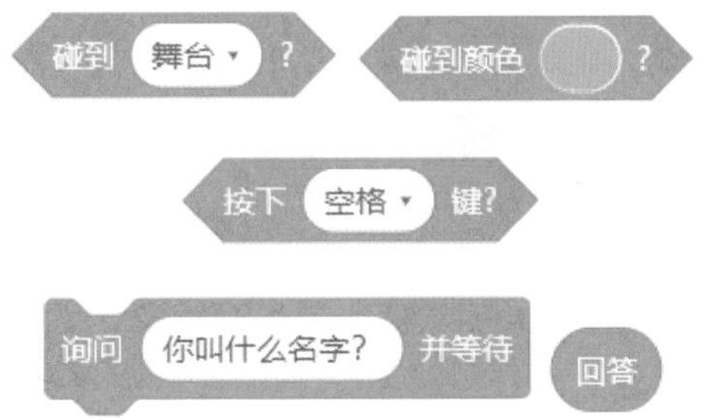

7)“运算”类积木块：

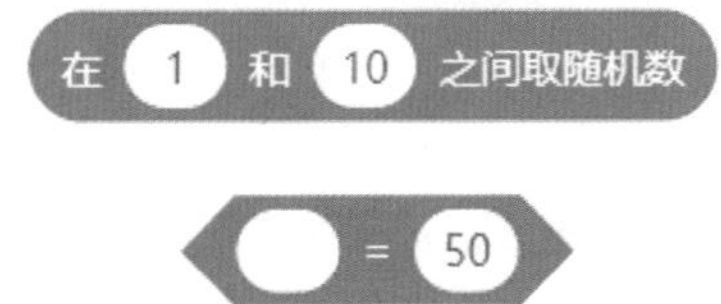

附录

8）“变量 & 列表”类积木块：

9）“字符串”类积木块：

10）“自制函数”类积木块：

11）“音乐”类积木块：

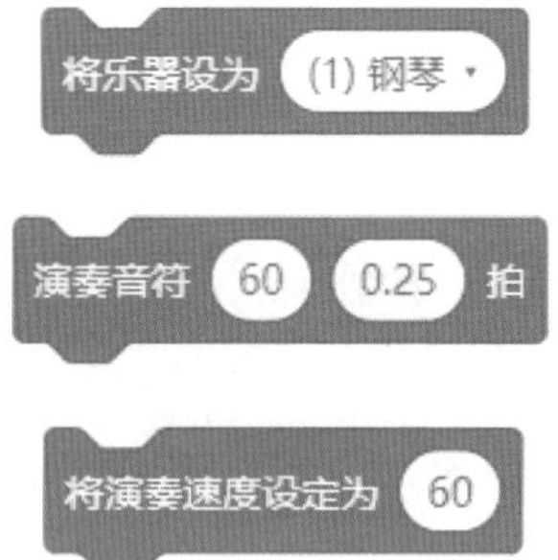

参考文献

[1] 吴承恩 . 西游记 [M]. 北京：人民文学出版社，2005.

[2] 李天飞 . 为孩子解读《西游记》[M]. 北京：天天出版社，2018.

[3] 李泽，陈婷婷，金乔 . 计算思维养成指南：少儿编程高手密码：编程思维应对人工智能挑战 [M]. 北京：中国青年出版社，2019.

[4] 熊璋，李锋 . 信息时代・信息素养 [M]. 北京：人民教育出版社，2019.

[5] 刘敬余 .《西游记》名师讲解读练考手册 [M]. 北京：北京教育出版社，2019.

[6] KRAUSS J，PROTTSMAN K. 给孩子的计算思维与编程书：AI 核心素养教育实践指南 [M]. 王晓春，乔凤天，译 . 北京：机械工业出版社，2020.

[7] 吴承恩 . 西游记：批注版 [M]. 长春：吉林出版集团股份有限公司，2020.

[8] 熊璋，杨晓哲．信息素养・数字化学习与创新 [M]. 北京：人民教育出版社，2020.

[9] 开课吧. 计算思维入门：像计算机科学家一样去思考 [M]. 北京：机械工业出版社，2021.

[10] 陈道蓄，李晓明. 算法漫步：乐在其中的计算思维 [M]. 北京：机械工业出版社，2021.

[11] 中华人民共和国教育部 . 义务教育信息科技课程标准（2022 年版）[EB/OL]. [2023-08-01]. http://www.moe.gov.cn/srcsite/A26/s8001/202204/W020220420582361024968.pdf

[12] 熊璋，武迪. 信息素养・计算思维 [M]. 北京：人民教育出版社，2022.

[13] 熊璋，袁中果. 信息素养・信息意识 [M]. 北京：人民教育出版社，2022.

王伟

东北师范大学信息科学与技术学院副教授、硕士生导师。全国高等院校计算机基础教育研究会理事、青少年编程教育专业委员会副秘书长，中国教育技术协会信息技术教育专业委员会常务理事，CCF PTA 认证技术委员会常务委员。主要研究方向为信息技术教育及智慧教育、青少年编程教育，主持和参与多项国家自然科学基金及省级科研项目，出版学术专著及教材 7 部，主持参与多项教育部产学研协同育人项目。

韩冬

东北师范大学信息科学与技术学院副书记兼副院长、硕士生导师。吉林省科技教育学会副理事长，吉林省中小学教学研究会副理事长，全国高等院校计算机基础教育研究会青少年编程教育专业委员会秘书长，CCF GESP 组织委员会委员，多所大学就业创业教育导师。研究方向为学生创新思维培养、学生创新创业教育、跨学科教育、信息科技教育。

○ 中国科学院院士 陈国良

通过叙讲故事、观察生活、解决问题的方式训练培养青少年学生的“编程”技能，让“编程”的科技种子在他们身上生根发芽，是本丛书的一大亮点。有趣、有效、有益，接地气，激活创新思维，触摸人工智能奥妙，引领步入信息科技生活新境界，展现了新时代的科技之美。

○ 大湾区大学教授 李晓明

这是一套及时且富有特色的丛书。以趣味编程作为计算思维培养的基本手段，彰显了做中学的理念，是建构主义教育思想的实践。而根据不同学段学生的心智发展状态，有区别地安排图形化编程和代码编程，体现了作者的匠心。

上架指导 中小学阅读

插画绘制◎王默 孙翌飞 牟堂娟
策划编辑◎韩飞
封面设计◎马若濛

ISBN 978-7-111-75453-4

9 787111 754534

定价：89.00 元